走进名著经典的世界里，与它一起优雅，一起荡漾，一起芬芳。

Yunus.

世/界/经/典/文/学/名/著/博/览

森 林 报

（春、夏、秋、冬）

原著：【苏】维·比安基　译者：闻春国　贾雪　审译：刘荣跃

·青少年版·

上海人民美术出版社

图书在版编目（CIP）数据

森林报 / (苏) 比安基原著；闻春国, 贾雪编译. -- 上
海：上海人民美术出版社, 2011.7
（世界经典文学名著博览：青少年版）
ISBN 978-7-5322-7422-2

Ⅰ.①森… Ⅱ.①比… ②闻… ③贾… Ⅲ.①森林 – 青
年读物②森林 – 少年读物 Ⅳ.①S7-49

中国版本图书馆CIP数据核字(2011)第137341号

出 版 人 / 李 新
执行出版人 / 李明虎
美 术 指 导 / 翁子扬
封 面 完 成 / **KINGRUN**株式会社（日）
丛 书 主 编 / 付 路

■森林报——世界经典文学名著博览·青少年版

译者 / 闻春国　贾　雪
审译 / 刘荣跃
责任编辑 / 张　燕　李　路
封面绘画 / 何洺萱　杨俊洁
插图作者 / 玲珑塔
设计制作 / 陈雅文　徐园园
出版发行 / 上海人民美术出版社
经销 / 全国新华书店
印刷 / 合肥银联文化投资有限公司
开本 / 700×1000mm 1/16　印张 / 15　彩色插图 / 14幅
版次 / 2014年1月第2版　第1次印刷
书号 / ISBN 978-7-5322-7422-2
定价 / 16.00元

前　言

　　《森林报》是苏联著名儿童文学作家维·比安基最著名的作品。维·比安基，1894年出生于一个养着许多小动物的家庭里，他的父亲是俄国著名的自然科学家瓦·利·比安基。在他很小的时候，就跟随父亲上山打猎，跟家人到郊外、乡村或海边去住，在那些地方，他逐渐和大自然建立了亲密的感情，并在父亲的指导下，学会了怎样根据飞行的模样识别鸟儿、根据脚印识别野兽……更重要的是学会了怎样观察、积累和记录大自然的全部印迹。

　　1924～1925年，比安基开始在一本叫做《新鲁宾逊》的杂志上撰写专栏，专门描写森林生活，渐渐地形成了"报纸"的特点，这就是《森林报》的雏形。1927年，《森林报》结集出版。从1927年到1959年，《森林报》已再版9次，每次都增加了一些新内容，内容变得更为丰富。

《森林报》采用报纸的形式，以春、夏、秋、冬四季12个月为顺序，用轻快的笔调真实生动地叙述了森林居民生活中的各种故事，表现出对大自然和生活的热爱之情。比安基的笔触轻松而幽默，蕴含着诗情画意和童心童趣。

本书收录了《森林报》春、夏、秋、冬共12期报纸的全部内容，同时每一期后面的打靶场又设置了若干个相关问题，有的可以在书中找到答案，有的却一定要小读者们走出家门，走到户外去体验，去观察，才能得到答案。希望小读者们在读完这本书后，能对我们的自然界有更多的了解，也能成为一个优秀的善于观察善于记录的"森林记者"。

编　者

2011年5月

目录

来自森林的特别报道——森林大事记——来自森林的
第二次特别报道——城市新闻——来自森林的第三次
特别报道——狩猎新闻——打靶场

准备过冬——森林大事记——城市新闻——狩猎新闻
——打靶场

静寂的森林——森林大事记——城市新闻——狩猎新闻
——打靶场

冬天的书——森林大事记——城市新闻——国外新闻
——狩猎新闻——打靶场

致读者

　　普通的报纸刊登的只有人类的活动，但是孩子们想了解的却是飞禽走兽、花鸟鱼虫的生活。

　　森林里的故事与城市里的故事同样丰富、同样精彩。森林里也有辛勤的工作与可怕的争斗，也有喜悦的笑容与悲伤的眼泪，当然还少不了维护正义的英雄与肆意妄为的歹徒。可是报纸上对这些事情只字不提，所以谁也不知道森林中的各种新闻。

　　例如，有谁知道在寒风呼啸、大雪纷飞的严冬，没有翅膀的小飞虫会从土里爬出来，光着脚丫在雪地上活蹦乱跳呢？在什么报纸上你能读到森林巨人与驼鹿大混战，读到候鸟大迁徙，读到黑水鸡徒步穿越欧洲的欢乐之旅？

　　这些新闻只有在《森林报》上才能看到。

　　《森林报》每月一期，一共十二期。每期的内容包括编辑部的文章、打猎新闻以及特约森林记者发来的电报与信件。

　　要问这些森林记者都有谁，他们可是来自各行各业：有孩子、猎人、自然学家、护林员。他们常常漫步在林间，对飞禽走兽和昆虫的生活很感兴趣，喜欢把森林中的故事记下来发给我们。

其中一个主要的森林记者是列宁格勒的自然学家德利特米·尼基福罗维奇·凯哥罗多夫教授。他每天亲自记录森林中发生的大事小事。在他的影响与鼓舞下，很多学生与成年人也拿起纸笔，走进森林，观察记录森林中的一点一滴。

德利特米·尼基福罗维奇·凯哥罗多夫教授

很多年前，列宁格勒列斯诺耶区的居民们常常在公园里遇到一位戴着眼镜、头发灰白的教授。他有一双敏锐的眼睛，总是凝神观察蝴蝶或昆虫的飞行，侧耳倾听鸟儿的歌唱。

生活在大城市里的很多人不会留意春天里每只破壳而出的小鸟，可是森林中的每一条新闻都逃不过他的眼睛。

他就是德利特米·凯哥罗多夫教授。半个世纪以来，他观察着我们这座城市及其周边地区的野生动物。冬去春来，夏逝秋至，林间鸟儿去了又回，花儿开了又谢，叶子绿了又黄，周而复始。凯哥罗多夫教授仔细观察，并记录下点点滴滴，再将新闻寄给报社。

此外，他还号召他人——特别是年轻人——观察自然，记录所见所闻，再将记录发给他。在他的鼓舞下，很多人以他为榜样，开始与大自然亲密接触，捕捉森林里的一举一动。这支自然界的记者队伍一年比一年庞大。

五十年里，教授收集了大量观察资料，并将它们整理分类。感谢他长期耐心细致的辛苦工作，我们才知道有哪些鸟儿在春天温暖的阳光下拜访我们，又在萧瑟的秋风起时离去；在他详细的记录中，我们才知道鲜花与树木的生活原来也是如此多姿多彩。

凯哥罗多夫教授为孩子们写下了大量关于鸟儿、树木、田野的书。其中包括《圣彼得堡的自然日记》、《俄罗斯森林密语》、《鸟儿的王国》、《冬天的鸟儿》、《黑色家庭》、《采蘑菇的人》、《春花》、《秋蝶》、《小学基础植物学》。

凯哥罗多夫教授在一所学校任教，他常常告诉孩子们，抛开书本，走进林间田野，只有亲近大自然，才能了解大自然。

1924年2月11日，疾病缠身的凯哥罗多夫教授去世了。

我们永远怀念他。

《森林报》包括了很多孩子们的亲笔来信，均以*标出。

每一期的《森林报》都附有问答专栏，我们将其称为"打靶场"。只要仔细阅读过《森林报》，就能轻松地回答大部分问题。每答对一题，可以得两分。

我们建议读者们组成小组玩这个游戏。一个人大声地读出问题，其他人把答案写在纸上。

不过其中有些问题，例如，"长脚秧鸡有多高？"，读者们最好先去城外走走，亲眼看看长脚秧鸡的模样，再作答。

森林年

读者可能会有这样的疑问：《森林报》刊登的是最新的消息呢，还是老生常谈的旧闻呢？事实上，这样的疑问大可不必。

一年就像有十二条轮辐的车轮，每条轮辐代表一个月，转动整整一圈就意味着一年过去了；当转动下一圈时，你会发现车轮早已不在原地，而是前行了很远的距离。

一年之计在于春。看，森林苏醒了：黑熊从洞里慢吞吞地爬出来；雨水淹没了地下居民的家；鸟儿扑闪着翅膀飞了回来，又开始载歌载舞；初生的动物宝宝们纷纷张开眼睛，好奇地看着春天的森林。无论何时，只要翻开《森林报》，读者就能了解到森林的最新动态。

我们制定了森林历。它和普通的年历大不相同，不过这也不足为奇。要知道，和我们不同的是，飞禽走兽的生活可是以太阳为准呢。

每一年，太阳都在天空上画一个大大的圈。每个月，它都经过黄道十二宫中的一宫，即天文学家口中的十二星座。

在我们普通的日历上，元旦是在冬天。可是在森林历上，春天当太阳进入白羊宫的时候，才意味着森林元旦的到来。阳光洒满大地时，森林里一派喜悦的画面；阳光离开时，悲伤的气氛便笼罩整个森林。我们按照普通的日历，也将森林历分为十二个月，每个月的名字却有所不同。

森林历

1-冬眠苏醒月(春季第一月)——3月21日至4月20日

2-候鸟返乡月(春季第二月)——4月21日至5月20日

3-载歌载舞月(春季第三月)——5月21日至6月20日

4-辛勤筑巢月(夏季第一月)——6月21日至7月20日

5-小鸟出世月(夏季第二月)——7月21日至8月20日

6-鸟儿群集月(夏季第三月)——8月21日至9月20日

7-候鸟告别月(秋季第一月)——9月21日至10月20日

8-粮食储备月(秋季第二月)——10月21日至11月20日

9-冬季迎宾月(秋季第三月)——11月21日至12月20日

10-小路初白月(冬季第一月)——12月21日至1月20日

11-极度饥饿月(冬季第二月)——1月21日至2月20日

12-忍耐迎春月(冬季第三月)——2月21日至3月20日

森　林　报

第一期内容提要
新年快乐！

特约记者报道：

秃鼻乌鸦飞回来了——动物纷纷换新装

森林大事记：

秃鼻乌鸦拉开了春天的序幕——第一颗蛋——雪地里的吃
奶宝宝——野兔的妙招——对冬季客人说再见——雪崩
——潮湿的房间——雀鹰与秃鼻乌鸦——发自特约记者的
报道

城市新闻：

屋顶音乐会——在阁楼上——半梦半醒的苍蝇——石蝇
——列宁格勒第一届集体农庄儿童大会决议——给鸟儿造
个家吧！——最早出现的蝴蝶——公园里——春之花——
空中的喇叭手

森林急电：

熊洞——发洪水了

狩猎新闻：

松鸡交配

打靶场：

第一轮森林知识问答比赛

新年快乐!

春季第一个月的第一天（3月21日）是春分，这一天，白昼与黑夜的时间长短相等，十二小时阳光明媚，十二小时夜幕低垂。这一天是森林的元旦，意味着春回大地。

特约记者报道

■ 瞧，春姑娘迈着轻快的步伐姗姗而来。成群结队的秃鼻乌鸦飞回来了。

■ 驼鹿与麋鹿长出了新鹿角。狼、狐狸、野兔、松鼠、貂纷纷换上了五颜六色的新春装。金翅雀、山雀、戴着金色羽冠的鹟鹩迎着春日阳光一展歌喉。星椋鸟与云雀每小时报时一次。在一棵云杉树的树根下，我们欣喜地发现了一个熊窝。如今我们轮流看守，等待着熊的苏醒，并在第一时间向读者报道。积雪化作一溪春水，唱着欢乐的歌儿奔向远方。在温暖阳光的包围下，树叶上的白雪也渐渐融化，滴落在地，夜晚的寒冷则再将雪水凝结成冰。森林是一派春意昂然的景色！

森林大事记

秃鼻乌鸦拉开了春天的序幕

冰雪消融，春回大地。听到春姑娘的召唤，在南方过冬的秃鼻乌鸦成群结队地飞了回来。一路上，它们遭遇了冷酷无情的暴风雪，数百只乌鸦因为筋疲力尽，死在了回家的路上。

最先返家的是身强力壮的一群乌鸦。经过长途奔波，如今回家的它们正在休息。瞧，一个个家伙神气活现地走来走去，不时用坚硬的鸟嘴刨土。

第一颗蛋

渡鸦是春天里最先下蛋的动物，它的鸟巢就建在一棵高高的冷杉上，还覆盖着厚厚的白雪呢。渡鸦妈妈寸步不离地守护着鸟巢里的鸟蛋。为了不冻坏即将出生的宝宝，它用羽毛护住鸟蛋，渡鸦爸爸负责为它衔来食物。

雪地里的吃奶宝宝

积雪还没有完全融化，野兔妈妈就生下了两只兔宝宝，活像两颗小小的毛球。因为出生在白雪之上，所以我们叫它们雪兔。两个小家伙刚一出生，就睁开双眼，好奇地看着精彩的世界。

生下兔宝宝后几个小时，兔妈妈的肚子就咕咕直叫了。于是它将兔宝宝留在雪地里，一溜烟地跑进森林里找食吃。

不一会儿，兔妈妈就挺着鼓鼓的肚子，心满意足地回来了。当它回到家，竟然发现兔宝宝不见了！原来就在它外出觅食的这段时间里，聪明的兔宝宝学会了走路。等啊等啊，妈妈还不回来，于是淘气的兔宝宝摇摇摆摆地离开了。

这下可急坏了兔妈妈。它把长长的耳朵并在一起，发出砰砰的声音。其中一只兔宝宝就在不远处，听见妈妈的声音后急匆匆地跑了回来。可是另一只兔宝宝却始终不见踪影，说不定它迷了路，或者被冻坏了，再或者一不小心被狐狸抓走了。

野兔的妙招

冬天大雪纷飞，森林银装素裹，雪白的野兔能够轻而易举地隐藏其中，不被发现。然而在春光的照耀下，积雪渐渐融化，好多地方开始露出黑乎乎的地面。狼、狐狸、老鹰、猫头鹰，就连渡鸦、喜鹊都蠢蠢欲动，纷纷睁大眼睛，试图发现黑土地上的白色身影。

该怎么办呢？别担心，聪明的野兔自有妙招：脱下白色的衣裳，换上灰色的皮毛。哈哈！这下又能和它们玩捉迷藏了。

对冬季客人说再见

在每条道路上都能见到一群群白色的小鸟。它们就是我们冬季的客人——雪鹀。

它们的故乡在西伯利亚苔原、北冰洋海岸。在那里，雪还要好长一段时间才会融化。就让我们对这些可爱的客人挥挥手，依依不舍地说再见吧。

雪　崩

随着树枝上的雪渐渐融化，森林里发生了可怕的雪崩。

一棵高大的云杉上，松鼠妈妈正在暖洋洋的窝里呼呼大睡。突然树顶上掉下一块厚厚的积雪，不偏不倚地落在它的屋顶上。松鼠妈妈被惊醒了，慌乱之中猛地跳出窝外，可是娇弱的松鼠宝宝还无助地留在窝里呢。想到这里，松鼠妈妈立刻爬上屋顶，清理积雪。好在屋顶是用粗粗的树枝搭建的，非常结实。雪只是落在屋顶上，窝里铺着的既软和又温暖的苔藓完好无损。松鼠宝宝睡得正香呢。它们还是一个个小不点，就像小老鼠似的，全身上下光溜溜的，还看不见世界，这副模样甭提多傻了。

两只秃鼻乌鸦正站在陡峭的岸边吵得不可开交。就在这时，一个巨大的雪球滚到岸边，忙着吵嘴的两只鸟儿一不留神，就被压到雪球下了。哎，真是两个倒霉的家伙！

潮湿的房间

积雪逐渐消融，生活在地下的动物的日子可不好过咯。鼹鼠、駒鼱、老鼠、田鼠、狐狸，以及其他地下居民对潮湿的环境叫苦连天。当所有积雪彻底融化时，它们将面对怎样可怕的生活呀！

雀鹰与秃鼻乌鸦

■一个孩子发回的报道

"哗——哗！呱——呱！"头顶上是什么声音？我抬头一看，只见五只秃鼻乌鸦正在追赶一只雀鹰。雀鹰挥舞着翅膀，左右躲闪，秃鼻乌鸦奋力直追，以嘴巴为武器向雀鹰的脑袋狠狠啄去。可怜的雀鹰痛苦地惨叫一声，最终冲出重围，逃之夭夭。

我站在高高的山顶上，山下的景色尽收眼底。只见这只惊魂未定的雀鹰停在一棵树上，大口大口地喘气。说时迟那时快，这群秃鼻乌鸦向它猛地俯冲下来。措手不及的雀鹰狂叫着朝其中一只秃鼻乌鸦扑过去，吓得秃鼻乌鸦四下散开。雀鹰趁机一飞冲天，势不可挡。眼看到手的猎物就这么溜走了，这群秃鼻乌鸦只好垂头丧气地飞到田里去了。

发自特约记者的报道

白雪在一点一滴地融化，雷鸟一路欢歌，啄木鸟在树上奏响了春之曲，星椋鸟与云雀也飞回来了。

我们蹲在洞口，翘首等待熊的身影出现，可是左等右等，就是不见熊出来，莫非它被冻死了？

于是我们挽起袖子，拿起铁锹，开始铲雪。突然雪微微地动了动，我们吓得连连后退，再定睛一看，从雪里爬出的不是熊，而是一只怪物，个头像小猪，全身毛茸茸的，鼓着黑乎乎的肚子，灰白的脑袋上长着两条黑色的条纹。

当它看见我们时，愤怒地发出咕噜声。哦，原来我们挖的不是熊洞，而是一只獾的家。我们拍拍胸脯，告诉自己不用害怕，虽然獾是捕食的野兽，却从不袭击人类。看来我们打扰了它的好梦。醒来后的獾打了个大大的哈欠，又伸了伸懒腰，摇摇晃晃地朝森林里走去，打算在夜里捉蜗牛与昆虫，嚼树根，逮田鼠。

我们又开始在森林里寻找，哈哈，这次终于找到了一个真正的熊洞。

嘘，熊还在呼呼大睡呢！

城市新闻

屋顶音乐会

每当夜幕降临时，屋顶上的猫咪音乐会便开始了。它们沉醉在音乐的海洋中，不过通常都是以歌手之间激烈的打斗而告终，哎！

在阁楼上

阁楼上居民的生活是什么样呢？为了解开这个疑问，《森林报》的一位记者自告奋勇地爬上了阁楼，静静地观察起来。占据阁楼角落的鸟儿们对自己的家心满意足，谁要是觉得冷，就紧挨着烟囱，享受免费的暖气。鸽子已经开始孵蛋了。麻雀和乌鸦在城市上空飞来飞去，忙着采集柔软的羽毛做御寒的被子。鸟儿们最常抱怨的，是淘气的猫咪和喜欢恶作剧的男孩，他们呀，总喜欢时不时地对鸟儿们辛苦搭建的窝捣乱。

半梦半醒的苍蝇

如今，在街道上可以看见身穿五彩斑斓衣服的蓝丽蝇。瞧，它们一个个打着哈欠，一脸昏昏欲睡的模样，似乎现在不是春天，而是秋天。现在还不能展翅高飞，它们只得迈开细细的腿，慢吞吞地爬上房屋墙壁。

白天，蓝丽蝇趴在墙上懒洋洋地晒太阳，日光浴的感觉舒服极了。日落西山后，它们钻进锁眼和墙缝，回到屋内。

石 蝇

瞧，从河流结冰的缝隙里，爬出来一些呆头呆脑的灰白色小虫子。它们成群结队地慢慢爬上岸，脱掉旧衣裳，摇身一变，变成了身材苗条、长着翅膀的小飞虫。它们既不是苍蝇，也不是蝴蝶。要问它们是什么？它们的名字叫做石蝇。

仔细观察，你会发现这些小家伙长着一对轻盈的、长长的翅膀。此刻它们的身体还很娇弱，只能仰望天空，期盼自己快快长大，有一天能够挥舞着翅膀在天空自由自在地飞翔。眼下，它们需要多晒晒太阳。

石蝇缓缓地朝马路对面爬去。哎呀，行人踩到了它们，马蹄踏到了它们，车轮压到了它们，饥饿的麻雀也朝它们啄来。可是它们依旧继续向前爬啊，爬啊，数一数，足足有成千上万只呢，它们的队伍可庞大了。

成功穿过马路的石蝇爬上墙壁，惬意地享受着日光浴。

列宁格勒第一届集体农庄儿童大会决议：

我们向农庄害虫：田鼠、家鼠、象鼻虫、甜菜蠕虫等宣战。我们将组成一千二百个小分队，奔赴所有田地、果园、菜园、花园、谷仓，与害虫坚决斗争到底。我们还将搭建三万个星椋鸟房，用于消灭田间与花园里的破坏者。

给鸟儿造个家吧！

如果你希望星椋鸟在你的花园里安家，那就赶快给它们搭建房间吧。房间必须干净，有一扇大小合适的门，可以让星椋鸟任意进出，同时又让猫无法钻进来。

如果猫打算伸出爪子，够到星椋鸟怎么办？别担心，在门的内侧钉一块三角形的木板，这下星椋鸟就彻底安全了。

最早出现的蝴蝶

蝴蝶在太阳下悠闲地晒着翅膀。最早出现的是黑褐色带红点的蛱蝶、淡黄色的蝴蝶以及硫磺蝶。

公园里

看呀，在公园与花园里，长着淡紫色胸脯、戴着蓝色王冠的雄苍头燕雀正快乐地叽叽喳喳叫个不停，它们正等着雌苍头燕雀呢，可是左等右等，就是不见它们出现。哎，这些家伙总是姗姗来迟。

春之花

卖花姑娘们挎着花篮，走上街头，开始叫卖第一批春天里的花朵。咦，真是奇怪，篮子里的花不管从颜色或香味上都不像紫罗兰，卖花小姑娘们却把它们叫做"雪中紫罗兰"。那么这些美丽花朵的真名叫什么呢？告诉你吧，它们叫做雪花莲。

空中的喇叭手

在旭日初升的清晨，列宁格勒的居民们还沉浸在香甜的美梦中，街道上静悄悄的。突然天空传来清晰的喇叭声。咦？这是怎么回事。被吵醒的人们揉揉惺忪的睡眼，推开窗户，好奇地抬头望天。只见白云下面飞来了一群白色的大鸟，脖子又长又直。哦，原来是大天鹅呀。

每年春天，它们都会飞过城市上空，发出喇叭一样的声音。只不过当街上车水马龙、人来人往的时候，我们很少听见它们的声音。

这群大天鹅行色匆匆，是要赶往何处呢？原来它们要去芬兰、拉普兰、阿尔汉格尔斯克、德维纳河岸筑巢。

森林急电

■发自特约记者

熊 洞

我们忙着除雪，干得正欢呢，突然雪里冒出了一个又大又黑的鼻子，紧接着一只母熊带着两只小熊从地下钻了出来。只见母熊张开嘴巴，打了一个大大的哈欠，看了我们一眼，转身朝森林走去。两只小熊跌跌撞撞地跟在妈妈身后。我们发现，母熊瘦了许多。

经过漫长的冬眠，刚刚醒来的母熊肚子饿得咕咕直叫。它在森林里来回游荡，凡是看见的东西，通通塞进嘴里：树根、去年的枯草、浆果……糟了，一只兔宝宝蹦蹦跳跳地跑过来，也落入了母熊的肚子！

发洪水了

冬天的世界被推翻了。春水冲破了寒冰，自由地涌向前方。

田野在太阳的照射下温度直线上升，积雪渐渐融化。小溪唱起了春天的歌谣，欢快地流淌着，野鸭和野鹅悠然自得地浮在水面上，不时嬉戏打闹。

每天都有如此多的新鲜事发生，我们甚至来不及一一记录。

城市的交通阻断了，道路无法通行，春汛开始了。

动物在洪水中还好吗？受伤了吗？相信大家都很担心。我们将用飞鸽传书，寄到编辑部，在下一期的《森林报》中为你做详细报道。

根据法律规定，春季只能在短时间内，在特殊的地区打猎，并且只能打森林与水面上的飞禽，还必须是雄性。如果春天来得早，打猎期就随之提前；如果春天来得晚，那么打猎期就必须推迟。

猎人一大早就从城里出发了，黄昏时分到达了森林。此时此刻，万里无风，灰蒙蒙的天空飘着毛毛细雨，气候倒也暖和，正是打猎的好时候。暗自窃喜的猎人挑选了一块林中空地，背靠着一棵云杉。周围的白桦、松树、云杉并不高。看看手表，离太阳下山还有十五分钟，猎人点了一根烟，要知道，一会儿可没工夫抽了！

猎人凝神静气地听着，森林里各种各样鸟儿的歌声交织在一起。听，这是云杉树顶上画眉在啭鸣，那是树丛中知更鸟的啁啾声。

太阳下山了。鸟儿们陆陆续续地停止了歌唱，就连最爱唱歌的画眉与知更鸟也安静了下来。

此刻，猎人竖起耳朵，聚精会神地捕捉每一个声音！突然他听见了一阵轻轻的声音："唧唧！唧唧！嚯嚯！嚯嚯！"

猎人兴奋地举起猎枪，如雕塑般一动不动。声音是从哪儿来的呢？

听，声音再次响起！还是两只呢！

只见两只长嘴丘鹬扇动着翅膀，嗖地一下迅速飞过树顶。一前一后，动作配合默契，看来前面一只是雌鸟，后面一只是雄鸟。

砰！随着枪声响起，雄鸟在空中打了个转，慢慢地掉进树丛里。猎人三步并作两步地跑过去。如果这只受伤的长嘴丘鹬逃走，躲进树丛中，那就再也找不到了，因为它的羽毛与枯叶的颜色一模一样。还好，猎人一眼就看见它挂在树枝上！

此时，远处又传来另一只丘鹬的叫声。可是太远了，猎枪打不到！猎人再次站在云杉旁边，专心听着。森林里静悄悄的，不一会儿又响起了"唧唧！唧唧！嚯嚯！嚯嚯！"的声音。可是声音越来越远，怎么样才能把它引过来呢？猎人挠挠头，灵机一动，摘下帽子抛向空中。

黄昏中，雌丘鹬四处张望，焦急地寻找着雄丘鹬。咦？树后面那个忽上忽下的黑影是什么？难道那就是雄丘鹬吗？雌丘鹬转身朝猎人的方向飞了过去。

砰！雌丘鹬应声落下，栽倒在地，当场毙命。

天色越来越黑了。四周鸟儿的叫声此起彼伏，一时间猎人竟不知该转向哪个方向，兴奋得双手微微发抖。

砰！砰！没有打中！

砰！砰！又没有打中！

先等等吧，定定神再说。嗯，现在好多了！再试一次！

在森林深处，一只猫头鹰发出奇怪的低沉的声音。可是天太黑了，根本无法瞄准。哎呀！又飞来一只。

"唧唧！唧唧！"

对面又响起同样的叫声。

"唧唧！唧唧！"

两只丘鹬正好在猎人的头顶上方相遇了，立刻打起架来。

砰！砰！两只丘鹬双双落下。猎人几步上前，定睛一看，其中一只闷哼一声，另一只则盘旋几圈，落在猎人脚边。

猎人满足地笑了笑，抬头看天，该换地方了。

趁现在还看得见林间小路，猎人急匆匆地赶往下一个目的地——鸟儿交配的地方。

松鸡交配

夜色下，猎人坐在森林里，吃了点干粮，又拿起水壶喝了些水。这时可千万不能生火，不然鸟儿会被火光吓跑。

很快就要天亮了。松鸡会在日出前交配。

在寂静的夜色中，猫头鹰发出了几声可怕的枭叫。该死的，这样会吓到鸟儿。猎人心里暗暗骂道。

东方露出了鱼肚白，一只松鸡低低地叫了起来："唧唧"。

猎人一跃而起，侧耳细听，不放过一丁点轻微的动静。

又一只！

就在不远处，最多一百五十步开外……

猎人蹑手蹑脚、小心翼翼地步步靠近，手指扣在扳机上，眼睛牢牢地盯着暗夜中高大的云杉树干。之前的唧唧声停止了，取而代之的是更像音乐的啭鸣，猎人明白，这是松鸡求偶时发出的声音。

猎人大跨步地向前迈去，一步、两步、三步，突然站住了，纹丝不动。

啭鸣声停止了。四周寂静无声。

鸟儿提高警惕，仔细地听着。哪怕地上的树枝发出一丝最轻微的噼啪声，这个机灵鬼都会立刻飞进森林里，溜得远远的。

竖起耳朵听了听，什么声音都没有，于是鸟儿又发出求偶的声音。先是低沉的喳喳声，然后是更像音乐的声音，接着又啭鸣起来。

猎人向前一跃，啭鸣声又止住了。

这下猎人再也不敢动了，一只脚还悬着，只得单脚站立。鸟儿重新唱起求偶的歌，一遍又一遍……

猎物就在眼前。这只松鸡就落在云杉树干的半腰处，离地面非常近。这个小家伙此刻正沉浸在自己的歌声中，放松了戒备，唱得可带劲了，对周围的声音充耳不闻，就算你大叫大嚷，它也不会察觉。

可是，它究竟藏在什么地方？在一片黑漆漆的浓密树枝中，要找出松鸡的身影，还真不是一件容易的事呢。猎人瞪大了眼睛，仔细地寻找。哈哈！原来它在那儿！就在一根粗粗的云杉树枝上，不到三十步的距离！这时叫声停止了，猎人屏住呼吸，一动也不敢动。

"嗒！嗒！嗒！"，接着又响起了啭鸣声。

还等什么，就是现在。猎人果断地举起猎枪，瞄准黑色轮廓。这只松鸡体型较大，胸脯上长着细细的绒毛，尾巴像一把大大的扇子。必须击中要害。如果子弹打在紧绷的翅膀上，松鸡不会受伤。

砰！

烟雾挡住了视线，猎人什么也看不清，只听见有东西重重地压断了好几根树枝，最后嘭地一声掉在雪地上。

呀！好大的一只雄松鸡！体型巨大，全身黝黑，至少有十磅呢！猎人定睛一看，只见松鸡眉毛通红，似乎浸透了鲜血……

■毛绒绒的小松树开始返青了。

■母熊带着小熊从地下钻了出来，小熊跌跌撞撞地跟在妈妈身后。

打靶场
第一轮森林知识问答比赛

1、根据森林历，春天从哪一天开始？

2、哪一种雪融化得更快——干净的还是肮脏的？

3、为什么在春天禁止猎杀毛皮动物？

4、春天哪种动物更早出现——蝙蝠还是带翼昆虫？

5、哪种鸟在春天改变羽毛颜色？

6、什么时候最容易发现白色的野兔？

7、刚出生的野兔能否看见东西？

8、右边是两棵松树，请分辨哪一棵生长在密林中，哪一棵生长在空地上。

9、以下是三种不同的鸟嘴，其中一种鸟吃昆虫，一种鸟吃谷物和浆果，一种鸟吃小动物和小鸟。请根据嘴型判断。

10、右图这棵树的树皮被野兔啃咬了。请问野兔通过什么方法爬到这么高的树上啃咬树皮？它们为什么不选择离地面较近的根部树皮呢？

11、请问一年之中哪两天的日照时间为整整十二个小时？

森 林 报

（春季第二月）　　　　太阳进入金牛宫

第二期内容提要
候鸟大迁徙

森林大事记：

道路中断——雪下的浆果——鱼儿如何过冬——蚂蚁窝里
有了动静——池塘里——还有谁醒来了？——蛇的日光浴
——森林卫生员——白渡鸦

飞鸟传来的紧急消息：

洪水来了！——树上的野兔——船里的松鼠——鸟儿也受
苦

城市新闻：

街道上的生活——城里的海鸥——动物园里——苍蝇，小
心狼蛛！——杜鹃！

狩猎新闻：

走！到马尔基斯湖打野鸭去

市场上——在马尔基斯湖上——叛徒野鸭与隐形船——水
上之家——捕猎天鹅——猎杀！——第二天

打靶场：

第二轮森林知识问答比赛

候鸟大迁徙

瞧，候鸟纷纷从过冬地飞回来了，一队队、一排排、一行行，整齐划一，井然有序。

今年候鸟的飞行路线与排列次序与祖先们一模一样。这一套规定它们已经遵守了几千、几万年。

最先踏上回家之路的是去年秋天最早离开的那一批，去年秋天最晚飞走的那一批则最后启程。最晚出现在我们视野中的是羽毛最鲜艳的鸟儿。它们必须等到春暖花开、草长莺飞时才能回家，否则在光秃秃的土地和树枝上它们太显眼，无处躲藏，只能成为野兽与猛禽的美味佳肴。

候鸟的跨海长途飞行路线经过了我们城市的上空，我们称其为"波罗的海航空线"。航空线的一端是阴沉沉的北冰洋，另一端则连着繁花似锦的热带地区。生活在海上与陆地的、不计其数的鸟儿按照各自特殊的阵型，组成连绵不绝的长队飞过天空。它们经过非洲海岸，穿过地中海，跨越比利牛斯山脉，横穿比斯开湾、北海、波罗的海。

一路上，它们经历了数不清的灾难与困境。有时浓雾像一面厚厚的铜墙，遮住了它们急切的双眼。有时在昏暗的潮气包围下，它们辨不清回家的方向，慌乱之中撞到了尖利的峭壁，头破血流，甚至粉身碎骨。海上骤起的狂风无情地折断了它们的翅膀，把它们远远地卷走，卷到远离大海的地方。有时寒流袭来，海面结冰，它们经受不住饥饿与寒冷的双重折磨，在痛苦中死去。除了成为天气的牺牲品之外，数千只鸟儿还成了海鹰、鹰与兀鹫的腹中餐。每年的这个时候，大量贪婪的猛禽都会守候在鸟儿的跨海飞行路线上，希望饱餐一顿。

此外，还有上百万只鸟儿死

在猎人的枪口下（在本期的《森林报》中我们将刊登一则列宁格勒附近捕猎野鸭的故事）。

但是再大的艰险、再多的困难也阻止不了鸟儿回家的步伐。它们穿过浓雾，冲破层层阻碍，始终朝着家的方向坚定地挥舞着翅膀。

除了非洲之外，还有一些候鸟飞往印度过冬，红色的矶鹬甚至千里迢迢地飞到美洲过冬！瞧，此刻它们正急匆匆地飞越西伯利亚，从过冬地返回阿尔汉格尔斯克的鸟巢，全程大约一万英里，需要飞行近两个月。

森林大事记

道路中断

现在郊外的道路一片泥泞，无论是雪橇，还是马车都无法通行。为了获得森林里的消息，我们可是费了九牛二虎之力。

雪下的浆果

沼泽地里，雪下的蔓越橘探出了脑袋。村庄的孩子们欢天喜地地采摘着。要问他们为什么这么开心，偷偷告诉你吧，过冬的浆果可比新结的甜多了。

鱼儿如何过冬

在大雪纷飞的冬天，很多动物都安静地睡着了，鱼儿也不例外。欧鲤、圆腹雅罗鱼、赤睛鱼、白鲑、狗鱼统统沉入水底，酣睡过冬。鲤鱼与欧鳊躲在芦苇丛生的小溪里呼呼大睡。鮈鱼选择沙子覆盖的小海湾作为梦的摇篮。欧洲鲫鱼则一头钻进淤泥，做一整个冬天的美梦。

当天寒地冻，严密的冰面上没有气孔时，鱼儿就会窒息而死。

此时，它们已经睁开了惺忪的睡眼，从洞里游了出来，开始产卵。

蚂蚁窝里有了动静

我们在一棵松树下发现了一个大大的蚂蚁窝。起初还以为只是一堆枯落的松针，里面一只蚂蚁也没有，谁会想到那竟是蚂蚁的城堡呢！

如今，覆盖在上面的雪彻底融化了，蚂蚁纷纷爬出来晒太阳。经过漫长的冬眠后，它们身体虚弱，筋疲力尽，结成黑乎乎的一团，躺在窝上休息。

我们用棍子轻轻地碰了碰它们，谁知它们却几乎一动不动，连喷射刺鼻蚁酸的力气都没有了。

看来需要休息几天，它们才能恢复活力，重新开工。

池塘里

看呀，池塘里好一派生机勃勃的景象。青蛙离开了淤泥中的温床，产

下卵后就从水里跳上了岸。恰恰相反，蝾螈刚从岸上回到水里。

蝾螈全身黑色，拖着一条长长的尾巴，不像青蛙，倒有几分像是蜥蜴。每当冬天来临时，它们便离开池塘，来到森林里，找一片潮湿的苔藓，挖个地洞，躲在里面蒙头大睡。

蟾蜍也打着哈欠醒来了，正在产卵呢。青蛙的卵像果冻一样飘在水面上，还冒着气泡，每个气泡里都有一个黑色的小斑点。蟾蜍的卵则连成一条细细的带子，挂在水草上。

还有谁醒来了？

蝙蝠以及各种各样的甲虫：扁扁的步行虫、圆圆的、黑乎乎的金龟子、叩头虫都从睡梦中苏醒过来。叩头虫开始表演它的拿手绝活：把它仰面朝天地放着，它就把头向下一磕，一跃而起，在空中翻一个筋斗，笔直地落在地上。哈哈，实在有趣极了！

蒲公英开花了，白桦树也披上了嫩绿的新衣。

听到第一场春雨淅淅沥沥的雨声，粉红色的蚯蚓从土里钻了出来，蘑菇与伞菌也破土而出。

蛇的日光浴

每天清晨，有毒的蝰蛇都会伸展身体，爬上干燥的树桩，享受温暖的春日阳光。瞧，它缓慢地爬着，每一步都显得非常吃力，这是因为寒冷令它动作僵硬。不过不用担心，晒过日光浴后，它的精力恢复了不少。瞧，它正灵活地扭动着暖和的身子，四处寻找老鼠与青蛙呢。

森林卫生员

有时气温骤降，寒流突袭，森林居民们措手不及，无处藏身，不幸被冻死。但是森林里却不见尸体。咦，到底哪里去了呢？原来狗、狼、渡鸦、乌鸦、喜鹊、鹿角锹甲、蚂蚁以及其他森林卫生员已经把它们拖走了。

白渡鸦

■发自农村小记者 波亚·西尼特娜 格蕾·马斯洛夫

在我们村庄学校附近住着一只白色的渡鸦。它与一群普通的渡鸦一起飞翔，一起生活。村里年纪最大的白胡子老爷爷看到这只浑身雪白的渡鸦也直摇头，说从来没见过。我们这些小孩子更是莫名其妙，为什么会有白色的渡鸦呢？

编辑解惑

普通鸟类和动物有时会生下雪白的宝宝。科学家把这种现象称作白化病。

有的白化病动物全身发白，有的只有部分是白色的。这是因为它们的体内缺乏必要的色素，一种使羽毛和皮毛着色的物质。

在家养的动物中，白化病很常见：白兔子、白老鼠……事实上，人类也有患白化病的呢。野生动物却很少得这种病。

与正常的同类相比，患白化病的动物的生存面临更大的挑战。这些可怜的家伙有的刚一出生就被父母杀死了。就算挣扎着活下来，也会受到同类的驱赶与攻击。当然，也有善良的同类接纳了它们，就像你们村庄的那只白色渡鸦一样，可惜它们还是活不长，因为它们实在太显眼了，很容易成为野兽与猛禽的目标。

飞鸟传来的紧急消息

■发自森林记者

洪水来了！

春天给森林居民们带来了不少灾难。积雪迅速消融，河水上涨，淹没了两岸。一些地方已经汪洋一片了。各地纷纷传来动物受灾的消息。野兔、鼹鼠、田鼠，以及其他生活在地面或地下的小动物遭受的损失最严重，家园被冲毁，霎时间它们流离失所，无家可归。

面对洪灾，动物们都竭尽全力地想办法自救。駒鶄从地洞里跳出来，爬上灌木丛，等待洪水退去，瞧它愁眉苦脸的模样，原来它肚子饿得咕咕直叫。

当大水涌上河岸时，鼹鼠差点被闷死在地下。它用尽全力爬上地面，跳进水里，勇敢地奋力向前游啊游，想寻找一块干燥的地方。

鼹鼠是游泳高手，一口气游了好远，才爬上岸。这一次运气真不错，没有猛禽发现水面上它那黝黑光亮的皮毛。想到这儿，它满意地笑了。

上岸了，安全了，它又开心地一头钻进地里。

树上的野兔

发洪水了，野兔又会遭遇什么事情呢？

河中心的小岛上住着一只野兔。白天它钻进灌木丛中，躲避狐狸和人类的追捕。夜幕降临后，它才出来觅食，新长出的树皮又鲜又嫩，味道好极了。

这只野兔太小了，还不太聪明呢。它丝毫没有察觉到，河水把尚未融化的冰块冲上了小岛。

这天，小兔子正在灌木丛下美美地睡觉，沐浴在阳光中的它感觉全身暖烘烘的，简直太舒服了，却压根没注意到水位越涨越高。突然身体感到一阵寒意，它这才醒来，发现皮毛被河水浸湿了。哎呀，发大水了。后知后觉的小兔子一跃而起，天啊，周围全是水。

大水漫上岸，淹没了小兔子的爪子，它急匆匆地逃往小岛中间，还好那里是干的。但是大水来势汹汹，眼看小岛变得越来越小，小兔子急得来回乱转。整座小岛很快就会被彻底淹没，可是它不能跳进冰冷又急湍的水里，这么汹涌的河水，它无论如何也游不过去呀。

就这样，整整一天一夜过去了。第二天早上，小岛只剩下一小块了，那里有一棵枝繁叶茂的大树，惊慌失措的小兔子只好绕着粗粗的树干转来转去。

又过了一天，水已经漫到树根了。小兔子着急地往树上跳，可是每次都扑通一声掉进水里。

最后它拼尽全力，终于跳上了离地面最近的一根树枝，摇摇晃晃地坐在上面，耐心地等待大水退去。谢天谢地，河水已经停止上涨了。

化险为夷的兔子感觉有些饿了，好在有老树皮可以充饥，虽然嚼在嘴里又硬又苦，但至少不用担心被活活饿死。

最可怕的是狂风。大树在风中猛烈地摇晃，兔子几乎抓不住树枝。它就像一个爬到桅杆上的水手，身体随着树枝左右摆动，下面就是又冷又深的河水。枝桠、麦秆、动物的尸体顺着宽阔的河流，从兔子身下漂过。天啊，水里竟然还浮着一只野兔的尸体。树上的小兔子吓得浑身发抖。这只死去的兔子仰着身体，四脚僵直，和细枝一起漂向前方。

就这样，可怜的小家伙在树上整整待了三天。

洪水终于退去了，它又跳下了地。如今它只能留在河中间的小岛上，等到炎热的夏天来临，河水变浅，它才能跑上岸去。

船里的松鼠

渔夫在洪水泛滥的草地上撒网，捕捉鲷鱼。他划着桨，小心翼翼地穿过水面上的灌木丛。突然他发现一棵灌木上有一种奇怪的红棕色伞菌，正想凑近仔细看看，谁知这个伞菌竟然蹦了起来，猛地跳进船里。这下渔夫才看清，原来这是一只全身湿漉漉的松鼠。

渔夫把船划到岸边，松鼠立刻跳下船，一溜烟地钻进森林里。

至于它为什么会出现在水中央的灌木丛中，又在那儿待了多久，谁也不知道。

鸟儿也受苦

当然，在挥舞着翅膀的鸟儿眼里，洪水并不可怕。可是尽管如此，洪

水泛滥时，鸟儿也不能幸免于难。

黄鹂在水渠边筑了巢，下了蛋。可是大水把鸟巢冲走了，鸟蛋也掉进了河里，可怜的黄鹂只好寻找新的地方筑巢。

原本生活在森林沼泽地里的沙锥面对汹涌的洪水，也不得不待在树上，焦急地等待着河水退去。要知道，沙锥习惯用长长的尖嘴从松软的土里找食吃。它们天生一双细长的腿，非常适合在地上行走，如果让它们站在树枝上，那就像狗站在栅栏上一样别扭、难受。

它依然静静地等着，等待重回松软的沼泽地面，等待再次用长长的尖嘴挖洞。它绝不会离开这片沼泽地，永远都不会！其他沼泽地已经被别的沙锥占领了，谁也不会允许它进入自己的地盘。

城市新闻

街道上的生活

当月亮爬上天空时，蝙蝠就倾巢出动，盘旋在市郊的空中。

燕子飞回来了。列宁格勒有三种燕子：一种是家燕，长长的斑点翅膀，叉状的尾巴，喉部有一个栗色的斑点；一种是毛脚燕，短小的尾巴、白色的喉咙；最后一种是堤燕，体型小巧，身体呈灰褐色，胸脯雪白。

家燕习惯在市郊的木头房子里筑巢，毛脚燕在砖房房檐下安家，堤燕则直接在悬崖的岩洞里孵蛋。

燕子飞回来不久后，人们也看见了雨燕的身影。如何区分燕子与雨燕呢？其实很简单。雨燕叫声尖锐刺耳，全身乌黑。燕子的翅膀是尖角形的，雨燕的翅膀是半圆形的。

叮人的蚊子也出动了。

公园与墓地里又传来了夜莺的歌声。

城里的海鸥

涅瓦河上冰雪初融，海鸥就展翅飞翔。对于轮船与城市的喧嚣，它们才不害怕呢。瞧，它们就在人们面前悠然地捕捉河里的小鱼。如果飞累了，就落在屋顶上，喘口气，休息休息。

动物园里

当第一缕春日阳光投向大地时，动物园里的居民也从冬天的住所里搬了出来。工作人员把装有老虎、土狼、熊、狼的铁笼移到户外，让它们感受春天的气息。鸭、鹅、天鹅、海鸥在宽阔的水面上嬉戏玩闹。看啊，摆脱了单调冬日生活的动物们脸上都洋溢着欢乐的笑容，个个玩得不亦乐乎呢。

苍蝇，小心狼蛛！

狼蛛出现在了列宁格勒的大街小巷里。

它们织网的方式与普通蜘蛛不同，直接地对身边的苍蝇与其他昆虫发起突袭。

杜　鹃！

昨天，斯摩棱斯克墓地里响起了第一声杜鹃的啼叫。

狩猎新闻

走！到马尔基斯湖打野鸭去。

市场上

这几天，列宁格勒的市场上有人在出售各种各样的野鸭。有的全身乌黑，有的与家鸭很相似，有的个头很大，有的身型较小，有的长着细长的尾巴，有的嘴巴很宽，好似铲子，有的嘴巴很窄，活像鸟嘴一样。

外行的家庭主妇注意了，请谨慎购买这种野味！瞧，一位阿姨买下野鸭，精心烘烤，把野鸭端上桌，可是谁也不肯吃。因为这只鸭子的鱼腥味实在太重了。原来，她买回家的是专吃鱼类的潜水鸭，可惜呀，辛苦做出来的烤鸭就这么白白浪费了。

与之相反，有经验的家庭主妇能够一眼分辨出潜水鸭与美味野鸭的区别。要问秘诀是什么？关键在于后脚趾。潜水鸭的后脚趾上有一块突起的厚皮，美味的野鸭却没有。

在马尔基斯湖上

春天的市场上各种各样的野鸭琳琅满目。但是在马尔基斯湖上，你会看到更多种类的野鸭。

马尔基斯湖位于涅瓦河与科特林岛之间的芬兰湾内，是广受欢迎的狩猎乐园。

如果你有时间，不妨到斯摩棱卡河边走一走，你会看见墓场附近停靠着一些奇形怪状的白色小船。船底是平的，船身面积不大，但是船头与船尾非常宽。这就是打猎专用的独木舟。

如果你够幸运，还能在傍晚时分遇上一位猎人。只见他把独木舟推进河里，将猎枪与其他东西抛进船里，纵身一跃，跳上船，然后划动船桨，顺着水流划去。二十分钟后便来到了马尔基斯湖。

涅瓦河上的冰早已融化，但是河湾里还有一些大大的冰块。小船迎着灰蓝色的波浪，迅速朝这些冰块靠近，最后停在冰块旁。猎人系好船，跳上冰块，在羊皮袄外披了一件长长的白大褂，从船里拿出一只用作诱饵的野鸭，拴住它的一条腿，又将绳子的另一端系在冰块上，把野鸭抛进水中。一浮在水面上，野鸭立刻嘎嘎大叫起来。此时，猎人又跳上船，划着桨离开了。

叛徒野鸭与隐形船

没等多久，一只野鸭就从远处的水面上飞起。猎人定睛一看，这是一只雄野鸭，听到雌野鸭的叫声就飞过来了。

就在它快要靠近雌野鸭时，只听"砰砰"两声枪响，轻信的雄野鸭就

这样掉进水中。

雌野鸭完全清楚自己的任务，它扯着嗓子，嘎嘎地叫着，越叫越起劲。雄野鸭听到它的召唤后，纷纷从四面八方飞来。可是它们只看见了雌野鸭，谁也没有察觉到白色冰块后的白色独木舟与一身白衣的猎人。

兴奋的猎人接连开了好几枪，越来越多的野鸭掉在船上。一群群野鸭沿着海上长途飞行路线飞过。太阳落到了大海里，城市的轮廓模糊了，人们点亮了灯光，万家通明。天太黑了，不能再开枪了。

猎人将雌野鸭放回船上，将船锚牢牢地拴在冰块上，使船紧靠冰块，以免被波浪打翻。

该考虑考虑过夜的事情了。

起风了，天空乌云密布，一片漆黑。

水上之家

猎人把一个弧形木支架固定在船舷上，解开帐篷，在支架上展开，一个临时的水上之家就大功告成了。他又点燃了煤油炉，从湖里舀了一壶水（马尔基斯湖里的水是淡水），放在炉子上烧。

雨点噼噼啪啪地打在帐篷上，猎人才不怕这种小雨呢！帐篷是防水的，躺在里面又干燥又舒服，煤油炉简直就和家里的火炉一样暖和。

猎人喝着热茶，吃着晚餐，顺便喂饱了助手雌野鸭，接着抽起烟来。

春天的夜晚很短，天空已经露出鱼肚白了。乌云散了，风停了，雨也不下了。

猎人向帐篷外探了探脑袋，隐约可见远处黑乎乎的河岸，可是既看不见城市，也看不见灯光。猎人有些纳闷，这是怎么回事？原来一夜之间，大风把冰块远远地吹到海里去了。

这下糟糕了！得划很久才能回到城里。不过幸运的是，没有与别的冰块相撞，不然的话，船会被两块冰块挤成碎片，猎人也会被压成肉饼。

唉，还是赶紧干活吧。

捕猎天鹅

做诱饵的雌野鸭又在水上卖力地嘎嘎直叫！不过这次它有了伴，瞧，它旁边多了一只洁白的天鹅。咦，这只天鹅怎么一声不吭？原来这是一只假天鹅。

听到雌野鸭的叫唤，雄野鸭又成群结队地飞来了。猎人举起猎枪，不停地射击。突然从远方的空中传来好似长笛一样的声音：

"克噜——克噜，克噜——克噜！"

一大群雄野鸭落在雌野鸭周围，猎人却看也没看一眼。只见他敏捷地把子弹装进猎枪，又从口袋里掏出哨子，放到嘴边，模仿空中的声音：

"克噜——克噜，克噜——克噜！"

在高空的云朵下，出现了三个黑点。黑点越来越大，长笛一般的声音也越来越响亮。

猎人和空中的它们一唱一和。

现在它们的身影已经相当清晰了。原来是三只天鹅，只见它们偶尔缓慢地挥舞着沉重的翅膀，落到冰块附近。雪白的羽毛在阳光下闪耀着动人的银光。

它们发现了水面上的假天鹅，还以为是它在召唤自己呢。咦？它怎么浮在水面上，而不是展翅享受飞翔的乐趣呢？是飞得筋疲力尽了，还是受

伤掉了队？得去看看它。于是三只天鹅朝它飞来。

又一个盘旋。

猎人一动不动，眼睛牢牢盯着白天鹅的动作。它们伸长脖子，一会儿靠近，一会儿飞远。

猎 杀！

又一个盘旋之后，天鹅飞得很低很低，几乎贴近白色独木舟。

"砰！"第一只天鹅那细长的脖子软软地垂了下来。

"砰！"第二只天鹅在空中翻了个跟头，重重地摔到冰块上。

第三只天鹅听见枪声，猛地冲上天空，快速消失在远方。

"今天的运气真不错，"猎人心满意足地想着，"现在赶紧回家吧！"

但是回到城里难着呢！浓雾笼罩在马尔基斯湖上，十步之外就什么也看不清了。耳边隐约听见市区工厂传来的机器轰鸣声。一会儿像在这边，一会儿又像在那边。猎人晕头转向，握着船桨，一时间不知道究竟该往哪个方向划。

"咔嚓，咔嚓"。什么声音？猎人心里一惊，急忙查看。原来是薄冰撞上了船舷，发出玻璃破碎般的清脆声。

猎人着急万分，却不敢使劲划，万一撞上那些又大又厚的冰块，那可怎么办？到时候独木舟肯定会被撞得底朝天，猎人也得跟着落进水中！

第二天

在集市上，一大群人聚集在一起，满脸好奇地盯着两只硕大的白鸟。鸟儿从猎人的肩上垂下来，嘴巴几乎碰到了地。

不一会儿，孩子们就把猎人团团围住，争先恐后地问道：

"叔叔，你在哪儿打的鸟儿？我们这儿有这种鸟儿吗？"

"它们正朝北飞，去那边筑巢。"

"哦，那它们的巢一定很大吧！"

家庭主妇关心的却是另一件事：

"这种鸟儿能吃吗？有没有腥味？"

猎人一一回答，耳畔却回响着天鹅长笛般的鸣叫声、野鸭快速拍打翅膀的嗖嗖声、船舷撞上薄冰发出的玻璃破碎般的声音……

打靶场

第二轮森林知识问答比赛

1、为什么秃鼻乌鸦跟在犁地的农民后面走？

2、喜鹊与乌鸦的巢有何不同？

3、如果人造鸟巢不够用，星椋鸟会在哪里筑巢？

4、为什么星椋鸟与穴鸟喜欢落在牛、羊、马的背上？

5、为什么家鸭与家鹅在春天里会忧伤地嘎嘎叫，变得极度不安？

6、发大水时，哪几种鸟会受苦？

7、哪种更怕冷，爬虫还是鸟类？

8、青蛙的舌头靠什么固定？

9、以下是两种鸟类的翅膀。一种生活在森林里，另一种生活在野外。请加以区分。

森　林　报

第三期内容提要

快乐的五月：

　　森林乐队——游戏与舞蹈

森林大事记：

　　谁在大笑，谁在掉泪——姗姗来迟的最后一批鸟——看，
秧鸡走来了——松鼠开荤——森林法则

城市新闻：

　　会说人话的鸟——来自海湾的客人——深海来客——斑点
秧鸡穿城而过——身披大写字母的蝴蝶——试飞——采蘑
菇去吧

狩猎新闻：

　　森林剧院（松鸡求偶）

打靶场：

　　第三轮森林知识问答比赛

快乐的五月

时间悄悄地走到了五月，这是载歌载舞的五月，也是森林里最热闹的一个月。

树木换上了新衣，大地披上了绿装。瞧，地面上，天空中，到处都能看见快乐的森林居民们欢歌热舞的身影。

动物们全都鼓足了劲，争先恐后地展示自己的勇气与力量。载歌载舞远远不够呢。它们的牙齿直痒痒，个个摩拳擦掌，想找对手打架。瞧呀，绒毛、羽毛漫天飞舞。

森林里的居民们忙个不停，因为这是春天里的最后一个月份。

夏天的脚步越来越近了，到那时，动物们就要为筑巢与孵育小鸟操心了。

村里人都说："春姑娘快乐极了，真想永远留在俄罗斯。可是等到布谷鸟与夜莺一声歌唱，它就投入了夏天的怀抱。"

森林乐队

进入五月后，森林居民们使出浑身解数，展现最优美的歌喉，舞动最迷人的身姿，不分白昼黑夜，尽情歌唱，尽情跳舞。站在森林中侧耳一听，你能清楚地听到各种各样的声音，既有如铃铛般清脆的独唱、小提琴独奏、咚咚的鼓声、悠扬的长笛声，也有刺耳短促的吠叫声、咳嗽声、嚎叫声、呼啸声、嗡嗡声、呱呱声、嘎嘎声。

花鸡、夜莺、画眉的歌声

清亮纯净；甲虫和蝗虫拉起小提琴，演奏出嘎吱嘎吱的乐曲；啄木鸟在树干上敲起鼓来；黄鹂与红翼鸫吹起了尖锐的笛声；狐狸与白松鸡声音低沉洪亮；狍咳嗽着；狼仰天啸鸣；灰林鸮枭叫着；胡蜂与蜜蜂嗡嗡嗡地四处飞舞；青蛙呱呱呱；野鸭嘎嘎嘎。

就算声音不够动听，也用不着难为情。每种动物都按照各自的喜好选择合适的乐器，积极地加入森林乐队。

为了找到能发出响亮声音的树干，啄木鸟可是费了好大一番工夫，要知道，树干就是它们的鼓，可马虎不得，必须精心挑选。鼓槌呢？那还用说吗，自然就是它那结实的嘴巴了。

鹿角锹甲咯吱咯吱地扭动着脖子，这不就是一把天然的小提琴吗！蝗虫的爪子上有小钩子，翅膀上有锯齿，瞧，它正用爪子摩擦翅膀，摇头晃脑地陶醉在自己奏响的乐曲中。黄褐色的鹭将长长的嘴巴伸进水里，用尽全力吹气，湖水咕噜咕噜直响。沙锥更是别出心裁，竟然用尾巴唱起歌来！你看它猛地直冲上天，再张开尾巴，头朝下，嗖地俯冲而下，尾巴在风里鼓鼓的，发出咩咩声，活像一只在森林上空的绵羊！

听啊，所有声音汇集在一起，形成了一曲奇妙的合奏。这就是我们的森林乐队！

游戏与舞蹈

各种动物都用自己的方式庆祝春天。要问哪种动物的庆祝方式最活泼、最愉快，非鸟儿莫属。

看啊，鹤在沼泽地上开起了精彩热闹的舞会。它们围成一圈，一两只走到中间，翩翩起舞。

起初只是简单的热身动作，双腿蹦蹦跳跳，渐渐地，舞步越来越复杂，一会儿转圈，一会儿高高跃起，一会儿收膝而坐，好似踩着高跷起舞，周围的鹤拍动翅膀，随着节奏打拍子。看着它们千奇百怪的舞步，保准让你笑得前俯后仰。

这时，猛禽的空中舞会也拉开了序幕。其中最引人注目的是猎鹰。瞧，它们飞上云霄，表演令人瞠目结舌的绝技：突然收拢翅膀，像石头一样从令人晕眩的高空笔直坠下，哎呀，眼看就要摔到地上了，它们猛地打开翅膀，大大地划了一圈，再重新直冲天际。有时，它们会悬在半空中，翅膀大张，似乎有一根无形的线把它们吊在云彩上；有时它们像经验丰富的杂技演员一样，在空中调皮地翻筋斗，不停地翻转而下，动作惊险刺激，令人拍手叫绝。

森林大事记

谁在大笑，谁在掉泪

整个森林都洋溢在欢声笑语中，谁知只有白桦在偷偷掉眼泪。

在炎热的阳光下，白桦的树液从树皮的毛孔里不断往外冒，沿着白色的树干越流越快，越流越多。

可别小看了白桦树液，它是一种既有益健康、又美味可口的饮料。人们割开树皮，用瓶子收集树液。瞧，一个个喝得直咂嘴。

但是，如果白桦流失了太多树液，就会干枯而死，要知道，树液就像我们人类的鲜血一样宝贵呀！

姗姗来迟的最后一批鸟

春天接近尾声，最后一批飞去南方过冬的鸟儿这才飞了回来。和我们想象的一样，它们都换上了最鲜艳、最缤纷的衣裳。

现在，草地上繁花似锦，树木郁郁葱葱，枝繁叶茂，鸟儿能够躲藏其中，轻易地避开猛禽的追捕。

有人在彼得霍夫公园的河边看见了翠鸟。它从遥远的埃及飞来，身穿碧绿与红棕相间的新衣。从南非飞来的金莺挥舞着黑色的翅膀，在树丛中发出长笛一样的声音。长着蓝色喉咙、身披五彩斑斓羽毛的鸣禽在潮湿的灌木丛中轻快地飞来飞去。在沼泽地里还能看见黄色鹡鸰的身影呢。

其他晚归的鸟儿还有红色胸脯的伯劳鸟、茶绿色的佛法僧、色彩明亮的矶鹬，瞧，它的脖子上有一圈绒毛，远远看去，倒像围着一条毛茸茸的围巾。

看，秧鸡走来了

咦，这是什么动物？长着一对奇怪的小小翅膀，从非洲一路走来。告诉你吧，这是秧鸡。

秧鸡动作笨拙，难以飞行，并且速度很慢。当它扇动翅膀，费力飞行时，老鹰或兀鹫总能轻而易举地抓住它。

虽然秧鸡是蹩脚的飞行家，却是出色的奔跑者，它的速度快如闪电，如果发现天敌，还能敏捷地躲进草地里。

因此，它更喜欢步行横跨欧洲，穿梭在高大的灌木丛中。只有过海时，才张开翅膀飞行。

听啊，秧鸡不分昼夜地在茂密高大的草丛里大喊大嚷："克噜！克噜！"如果你想把它撵出草丛，看看它到底长什么模样，那可不是一件简单的事。不信就试试吧。

松鼠开荤

整个严冬，松鼠都以素食为生：松果、蘑菇。如今终于可以吃吃肉了。

很多鸟儿已经筑好了巢，产了蛋，有的甚至孵出了鸟宝宝。

松鼠可是这方面的行家呢。你瞧，它左嗅嗅、右闻闻，在树枝与树洞里寻找着鸟蛋与刚出生的鸟宝宝，盘算着美餐一顿。

可别小看了松鼠，虽然它个头不大，但是在破坏鸟巢这件事上，它可不输给任何猛禽呢！

森林法则

所有森林居民都回到各自的住所，忙着照顾家庭。

雄性动物你争我斗，为自己赢得伴侣与家庭。如今它必须担负起养家糊口的重担。雌性动物呢？它们正忙着照顾嗷嗷待哺的孩子呢。

千万年来，森林里逐渐形成了一套法则，所有森林居民都严格遵守。动物们把森林、田地、草地、沼泽地分成一小块一小块的土地，每块土地的中心便是它们的领地，它们的家。

谁也不能走进他人的领地，飞过他人的领空，否则等待它的将是无情的惩罚。

邻居互不来往，互不干涉。

鸟儿与猛禽都有各自的捕食地盘。瞧，一只老鹰为了追逐小鸟，擦过边境领空。说时迟那时快，邻居马上出击，夺取它口中的猎物，再把它赶出自己的地盘。

老鹰、花鸡和其他鸟类有领空边境，水獭也有一条隐形的水上分界线。水獭习惯成双成对地捕鱼，每一对都有属于自己的水上范围。它们是技艺高超的游泳员，看准目标后一头扎入水中，飞快地游动，再一口咬住鱼儿，得意地返回。

除了空中、水上以外，在陆地上，狐狸、鸡貂、狼、熊、老鼠也划定了领地边境。

地下的情况又怎样呢？告诉你吧，鼹鼠彼此之间还有地下边境呢。哎呀，一只鼹鼠在自己的地盘里发现了陌生者。这下可怎么办？只见它们先愣了愣，然后各回各家，立刻加宽地下通道。这一变宽的空间随即成为它们争夺的战场。

别看鼹鼠个头不大，打起架来可不含糊，一个个野蛮着呢，下手毫不留情，绒毛满天飞，还常常伤及无辜。提醒左邻右舍，如果遇上这种情况，一定要多加小心哦，不然小命难保。

就这样，海陆空都划分了明确的边境，森林居民们必须严格遵守，不

得越界，否则后果自负。

除此之外，还有一条有趣的森林法则：在地盘主人与入侵者的斗争中，最后的赢家永远都是前者！就算入侵者更加强壮有力，它也总是挨打的那个。不信你看看，在自己的领空里，个头最小的鸟儿也会勇敢地迎战比它足足大十倍的鸟儿，附近的鸟儿与猛禽纷纷赶来助阵，帮助小鸟驱逐外敌。一番激烈的交战后，小鸟高唱凯歌，甭提多高兴了。

如果看见一只猫偷偷摸摸地在自己的地盘上游荡，星椋鸟会立刻发出巨大的声响。周围的渡鸦与喜鹊闻讯赶来，朝猫恶狠狠地扑过去，准备随时啄伤它的眼睛。这就是另一条森林法则：邻居需要帮助时，应该伸出援手。帮助邻居驱赶入侵者的同时，也保卫了自己的地盘。

还有一条法则也发挥着无穷的威力，使老鹰与野鸭也能和平相处，做友好的邻居。这条法则规定：切勿招惹邻居。

城市新闻

会说人话的鸟

这一天，《森林报》编辑部来了一位客人，给我们讲了一个有趣的故事：

"一天早上，我去斯摩棱斯卡墓地扫墓，突然听见灌木丛中有人喊我：'你看见特什卡了吗？'声音洪亮，问了一遍又一遍。我四下张望，奇怪了，没有人呀，只有一只坐在灌木丛上的红色小鸟。我看着它，心

想：'这是什么鸟呢？难道是会说人话的鹦鹉吗？'正在纳闷时，这只小鸟又张嘴说道：'你看见特什卡了吗？'我好奇地向前走了几步，想近距离观察观察，可是它一溜烟就不见了。"

事实上，这位客人看到的鸟儿叫红眉朱雀，是从印度飞来的。的确，它们的叫声很像人在说话，不过根据各自不同的理解，有人觉得是在问："你看见特什卡了吗？"有的觉得是在问："你看见格什卡了吗？"

来自海湾的客人

这几天，从芬兰湾涌来了不计其数的胡瓜鱼，它们是来涅瓦河产卵的。这下可把渔夫们累坏了，个个忙着撒网捕鱼，收获大着呢。

产卵后，胡瓜鱼又摇着尾巴，游回远海去了。

深海来客

各种各样的鱼纷纷从海里游向河流产卵。被孵出的鱼宝宝再从河流游向海里。

只有一种鱼"不走常规路"，它们在深海产卵，出生的鱼宝宝再游到河流生活。要问这种特别的鱼是什么？它们就是柳叶鳗。

相信你肯定没听过这个奇怪的名字吧！因为只有当这种鱼年纪尚小，生活在海里时才叫这个名字。这时的它们身体像扁扁的树叶，通体透明，连肚里的肠子也看得一清二楚呢。它们渐渐长大，更像一条蛇，名字也随之发生了变化，叫做鳗鲡。这个名字你肯定不陌生吧？

柳叶鳗在海里生活三年。到了第四个年头时，它们就变成了鳗鲡，不过身体还是像玻璃一样透明。

现在，这些晶莹剔透的鳗鲡成群结队地游向涅瓦河。这一路上可不轻松呀，从出生地——神秘的大西洋深海到目的地涅瓦河，至少有一千五百英里呢！

斑点秧鸡穿城而过

几天前，住在市郊的人们常常听见低沉、短促的叫声："喊唧！喊唧！"一开始从沟渠里传出来，接着另一条沟渠也响起了同样的声音。这是怎么回事？原来是一群斑点秧鸡。它们是秧鸡的远亲，同样徒步穿过欧洲，现在正经过我们这儿呢。

身披大写字母的蝴蝶

快看，花园里有几只孔雀眼蛱蝶在翩翩起舞。它们可是非常有特点，瞧，翅膀上有一个大大的T，一眼就能把它们分辨出来。

试　飞

当你走在街上或穿过森林时，记得常常抬头看。说不定就有一只小渡鸦或小星椋鸟不小心从树枝上摔到你的帽子上，或者有一只乌鸦宝宝、麻雀宝宝从屋顶上跌下来。咦？这是怎么回事？它们刚刚离开鸟巢，正在学

■上图：候鸟纷纷从过冬地飞回来了。　　■下图：洪水来了，鼹鼠差点被闷死在地下。

■上图：森林剧院——松鸡求偶。　　■下图：阁楼上的居民——鸽子，已经开始孵蛋了。

习飞行呢。

采蘑菇去吧

一场绵绵春雨后，赶紧拿起竹篮，去野外采蘑菇吧。仿佛一夜之间，所有种类的蘑菇都探出了脑袋。

孩子们看见丁香开始凋谢，于是在日记上写道："春天就要结束了。"

狩猎新闻

森林剧院
松鸡求偶

森林里的生活同样丰富多彩，丝毫不逊于城里。城里有宏伟的剧院，森林里也有。瞧，一片空地上就有一个露天剧院。虽然太阳还没升起，但是由于现在是白夜，同样能欣赏到精彩的表演。

剧院吸引来了很多观众——斑点雌松鸡。它们已经各自找好了位置。有的坐在草地上津津有味地吃着零食，有的飞到树枝上左右张望。大家都在焦急地等待着，一会儿好戏就要开始了。

就在这时，一只雄松鸡扑扇着翅膀，从森林深处飞到空地中央，它就是今晚的主角。瞧，它长得多么漂亮呀，全身乌黑，翅膀上有几道黑白相间的条纹，一双圆圆的黑眼睛骨碌碌地左右直转，看到今天的观众全是雌松鸡，雄松鸡这才满意地点点头。

咦？那边的云杉是怎么回事？昨天好像还没有呢！这也太不可思议了吧！才一夜的工夫，难道就长出了高大的云杉！雄松鸡心里直嘀咕："是我忘记了吗？莫非是年纪大了，记性也差了？"

演出时间到了。

我们的主角又扫视了一遍观众，然后弯腰，脖子垂到地上，高高翘起美丽的尾巴，翅膀斜斜地拖在地上，嘴里发出咕哝的声音。

突然，一只雄松鸡嘭地一声，重重地落在地上。

嘭！嘭！越来越多的雄松鸡纷纷飞落到地上。

啊哈！这下可把我们的主角气坏了！它竖起浑身的羽毛，脑袋紧贴在地上，尾巴像扇子一样打开，冲着捣乱鬼们怒吼道：

"呼呼！呼呼！"这是在挑衅："来呀，过来呀，不怕被我咬掉你的羽毛，那就上吧！"

空地的另一端，一只雄松鸡勇敢地回应了挑战：

"呼呼！我可不怕！你有胆就过来试试！"

二十只、三十只……多到数不过来，所有的雄松鸡都严阵以待。

雌松鸡们静静地站在树上，似乎对这场火药味十足的较量满不在乎。这些狡猾的家伙！要知道，这出戏不就是为它们而上演的吗？这些尾巴似蒲扇、眼睛似纽扣、眉毛红似血的黑衣勇士们大老远地赶到这里，不就是为了它们吗？

每只雄松鸡都跃跃欲试，想在美女面前展示自己的勇气与力量。笨头笨脑、胆小如鼠的家伙统统靠边站！只有本领高强、勇敢无畏的英雄才能抱得美人归！

哈哈，好戏开始了！

愤怒的叫嚣声响彻全场，它们弓着身子，猛地腾空而起，又恶狠狠地猛扑过去。

瞧，两只雄松鸡打成一团，头对着头，嘴碰着嘴，毫不留情地啄向对方的羽毛。

天渐渐亮了，白夜那朦胧的幕布缓缓升起。云杉丛中，一件金属的东西闪闪发光。这些云杉究竟是从哪儿来的？此时此刻，雄松鸡们可顾不上这个，它们正全力以赴地投入战斗。

主角离云杉丛最近。在它的猛烈攻势下，两个对手只得落荒而逃。真不愧是主角，森林里还有谁比它更厉害呢！

瞧，它正在迎战第三个对手。这个对手可不好对付，既勇敢，又敏捷，只见它高高跃起，对准主角，狠狠一击。

"嗝嗝！"主角凶狠地猛叫一声。

树枝上的美女们伸长脖子，目不转睛地看着这场难分难解的战斗。这才是真正的好戏！这才是名副其实的战斗！两只雄松鸡毫不退缩，不分出胜负决不罢休，就算受伤流血也在所不惜！

瞧，又一轮攻击开始了。它们纵身蹿了起来，结实的翅膀扑得噼啪乱响，又是奋力一啄，对方马上还以颜色，实在看不出谁占上风。经过一番空中搏斗后，两只雄松鸡双双摔在地上，向两边跳开了。年轻的一只翅膀上的硬翎被硬生生折断了好几根，蓝色的羽毛凌乱不堪，像破布似的披在身上；年老的也好不到哪里去，红眉毛下鲜血直流，一只眼睛被啄瞎了。

见到这种情景，雌松鸡们坐立不安。究竟谁是获胜者呢？年轻的会打败年老的吗？这个年轻的小伙子多么英俊呀！你看它那密实的羽毛泛着蓝光，尾巴上布满了花斑，翅膀上的条纹更是色彩夺目！

哎呀！两只雄松鸡又跳了起来，再次厮打在一起！这次年老的占据优势！

又摔倒了，向两边跳开。

又扭作一团！这次年轻的更胜一筹！

决战的时刻到了。瞧！又一次进攻，又一次后退！又一次厮杀！

"砰！"一声枪声响彻林间。云杉丛中升起一股青烟。

搏斗暂时停止了。树上的雌松鸡惊呆了，个个吓得不敢动弹，雄松鸡也惶恐地扬起了红色的眉毛。究竟发生了什么？

什么也没有。一切正常。周围静悄悄的，云杉丛中的青烟也散去了。

一只雄松鸡回过头来，看见敌人正站在面前，一个纵身，朝着对方的脑袋狠狠地啄去。

好戏继续上演；雄松鸡们捉对厮杀。

但是树枝上的雌松鸡却看到主角与年轻的对手双双死在地上。难道它们真的打到你死我亡了吗？

无论如何，好戏还在上演，还是把目光转向舞台吧。瞧，又有一对激战正酣。今天的冠军究竟会是谁呢？

当太阳升到森林上空时，演出散场了，观众们也纷纷飞走了。一个猎人从云杉后面走了出来，捡起老雄松鸡与它年轻的对手。两只松鸡浑身是血，从头到脚都中了弹。

猎人把它们塞入怀中，又拾起另外三只被打死的雄松鸡，回家了。

穿过森林时，他一直凝神细听，不时向四周张望，可千万别遇上什么人呀。要知道，今天他可做了两件不光彩的事：第一，在法律禁止的时间里打猎；第二，开枪打死了年纪最大的雄松鸡。

今晚，露天剧院里恐怕不会再有演出了：没有了主角，表演该如何进行呢？

交配地点就这样被破坏了。

打靶场

第三轮森林知识问答比赛

1、蝗虫如何发出声音？

2、沙锥如何吹口哨？

3、蜘蛛有几条腿？

4、甲虫有几对翅膀？

5、哪种候鸟从南方返回时主要靠步行？

6、星椋鸟孵出小鸟后，碎蛋壳哪儿去了？

7、哪种动物的耳朵长在腿上？

8、什么鸟儿的叫声像野猫？

9、青蛙卵与蟾蜍卵有什么区别？

10、秧鸡的个头有多大？

11、哪种鸟的声音像狗叫？

12、丁香什么时候开花，春天还是夏天？

森 林 报

第四期内容提要

大家都住在哪儿：

漂亮的房屋——比比看，谁的家最棒？——还有谁筑巢？
——建筑材料是什么呢——借住他人的房子——集体宿舍
——巢里都有什么呢？

森林大事记：

狐狸巧占獾穴——神秘的夜间大盗——夜鹰的蛋哪儿去了
——勇敢的小鱼——谁是凶手？——六条腿的鼹鼠——狼
妈妈——蜥蜴

狩猎新闻：

会跳的敌人——消灭跳甲——会飞的害虫——两种蚊子
——灭蚊行动

打靶场：

第四轮森林知识问答比赛

大家都住在哪儿

孵育小鸟的时间到了。森林的居民们都忙着建造属于自己的家。

各种飞禽走兽、鱼儿昆虫都住在哪儿？生活得怎么样？读者们都非常关心。为了解答大家的疑问，我们派出了记者，走进森林详细了解。

漂亮的房屋

原来，整个森林从上到下都住满了，如今连一丁点空地也找不到了。地上、地下、水上、水下、树枝上、草丛中、空中，全都住得满满当当的。

空中。——金莺把房屋盖在半空中，瞧，它那灵巧的嘴巴一张一合，将亚麻、草茎、毛发编织成一间轻巧的篮子形状的房屋，再把它高高地挂在白桦树上。鸟巢里放着金莺蛋，即使大风吹得树枝来回摇晃，蛋却始终不会被打破，你说是不是很神奇呢？

草丛里。——云雀、鹨、黄鹂以及其他鸟类在草丛里安家。要问我们的记者最喜欢谁的家？答案就是鹪鹩的家。它是用干草与干苔藓做成的，不仅有屋顶，还有侧门呢。

树上。——鼯鼠、埋葬虫、啄木鸟、山雀、星椋鸟等其他鸟儿占据了大大小小的树洞。

地下。——地下的居民包括老鼠、獾、灰沙燕、还有各式各样的昆虫。

水上。——䴙䴘是一种潜鸟，用水草、芦苇、泥土筑成的鸟巢就浮在水上。䴙䴘住在其中，在水面上飘来飘去，好像乘着一叶木筏。

水下。——水蜘蛛的家就在水下。它吐出结实的蛛丝，织成一艘钟形的潜水艇。此外，它的绒毛上还附有气泡，这样一来，就算它潜入水底，也能够自由呼吸。

比比看，谁的家最棒？

面对动物五花八门的家，我们的记者想来个大评比。可是要评出最棒的家难着呢！

最大的是雕的家，是用粗树枝做成的，就挂在一棵高耸入云的松树上。

最小的是金头冠鹟鹩的家，整个鸟巢只有拳头大小，因为金头冠鹟鹩的个头也不大，甚至比蜻蜓还要小呢。

最复杂的是鼹鼠的家，有许许多多的应急出口与入口，不管你费多大劲，也休想把它堵在洞里！

最精致的是象鼻虫的家，它先把白桦叶的叶脉咬掉，等树叶枯萎后，再将叶子卷成小小的圆筒，用唾液粘牢。它就在筒里产卵。

最简单的是鸻与夜鹰的家。鸻直接将四个鸟蛋产在河岸的沙滩里，夜鹰在树下的枯叶堆里产蛋。它们都不肯花力气建造房屋。

最漂亮的是绿篱莺的家。它的鸟巢搭在白桦树枝上，是用青苔、白桦树皮做成的。为了美观，它还捡来彩纸屑加以装饰，五颜六色的，甭提多漂亮了。

最舒适的是长尾巴山雀的家。它的鸟巢呈圆形，分里外两层，里层是用羽毛、绒毛做成的，外层覆盖着苔藓与青苔。瞧，鸟巢中间还有一扇圆圆的小门呢。

最特别的是水蜘蛛的家。它在水底的水草间铺上一张蜘蛛网，再用毛茸茸的腿带来一些气泡，放在蜘蛛网下，它就生活在这座有空气的小房子里。

还有谁筑巢？

除了以上各具特色的动物住所外，我们的记者还发现了鱼儿与老鼠的家。

棘鱼为自己建造了一个地地道道的家。雄棘鱼是总建筑师，它只选择最重的草茎作为建筑材料，即使将这种草茎放到水面上，它也会很快沉下去。雄棘鱼将草茎的一端固定在河底的泥沙上，再用自身分泌的一种粘性液体把墙壁与天花板牢牢粘住，用苔藓将墙壁间的缝隙填满，最后在墙上开两扇门。哈哈，这下大功告成了！

老鼠窝与鸟巢一模一样，也是用草叶与细细的草茎编成的。老鼠把窝挂在桧树树枝上，细心的记者还量了量，离地面大约两米高。

建筑材料是什么呢

森林居民的房屋五花八门，建筑材料也是各式各样的。水中石蛾的圆巢是用沙子、空贝壳、朽木的木屑建成的。咦，河底有一个烟蒂或一根别针，太好了，石蛾赶紧衔起来，用以加固屋顶。

燕子与家燕选择泥土筑巢。

黑顶林莺用精细的蜘蛛网，将嫩枝粘牢，做成鸟巢。

五子雀沿着笔直的树干，头朝下地奔跑，它住在树洞里。洞口大大的，万一松鼠钻进来了怎么办？别担心，这种个头小小的鸟儿用泥土封住了洞口，只留下一个足够自己进出的小孔，这下可以高枕无忧了。

最奇怪的，还要数翠鸟的鸟巢了。它在河岸上挖一个很深的洞，再在自己的小房间里铺上一层细细的鱼刺！

借住他人的房子

大多数森林居民都会勤快地自己动手建造房屋，可是还有一些动物，要么笨手笨脚不会筑巢，要么是懒惰大王，不愿筑巢。因此，它们只能借住在他人的家里。

杜鹃把蛋产在鹡鸰、知更鸟、莺、其他会筑巢的小鸟的房子里。

斑鸠四处寻找废弃的房屋，想在那里抚育后代。

瞧，鲍鱼正喜出望外地摇着

尾巴。什么事情这么高兴？原来它找到了岸边的一个沙洞，那是鳌虾留下的，现在归它所有了。

麻雀的筑巢办法可是相当巧妙呢。如果在屋檐下筑巢，会被淘气的男孩们弄坏。如果在树洞里产蛋，鼬鼠会悄悄地把鸟蛋偷走。究竟应该在哪儿安家呢？经过一番冥思苦想后，它决定把家安在一个巨大的雕巢旁边，在这些粗壮的树枝之间，足够建一个小小的麻雀鸟巢。

瞧，如今麻雀终于可以过安稳日子了。大雕压根不会注意到这个不起眼的邻居。这下再也不用担心鼬鼠、猫、老鹰、淘气的男孩破坏自己的鸟巢了。想想看，谁不怕大雕呀！

集体宿舍

别以为只有城市才有集体宿舍，森林里也有不少呢！蜜蜂、黄蜂、胡蜂、蚂蚁齐心协力建造房屋，足以容纳成百上千的住户。

秃鼻乌鸦把花园、小树丛划为自己的居住区，海鸥占据了浅滩、小岛，灰砂燕在陡峭的河岸上凿出了无数小洞。

巢里都有什么呢？

了解了森林居民的巢穴，我们再来看看里面都有什么呢？自

然是各种各样的蛋了。

沙锥的蛋壳上满是大大小小

的斑点，蚁䴕的蛋白里透红。为什么会有这种差别呢？这是因为蚁䴕将蛋产在一个又深又黑的洞里，谁也看不见。沙锥却是在户外产蛋，完全暴露。如果是白色或浅色的蛋壳，很容易被发现。因此沙锥的蛋与周围环境的颜色非常相似，隐蔽性极高。没准你一脚踩上去还没注意到呢。

生活在户外的野鸭的蛋也是白色的，怎么样才能躲过敌人的眼睛呢？它耍了个小聪明。鸭妈妈在离开家前，会从胸脯上拔下几根羽毛盖在蛋上，这样一来，其他动物就不会发现鸭蛋了。

为什么沙锥的蛋一头是尖尖的，兀鹰的蛋却是圆滚滚的呢？这其中也大有道理呢。沙锥体型小巧，只有兀鹰的五分之一大。沙锥蛋的一头尖尖，尖头对尖头，占据的空间非常少，这样孵蛋才方便，否则个头小小的沙锥如何能盖住蛋呢？

不过你可能会问，为什么沙锥的蛋和兀鹰的蛋一样大小呢？我们会在下一期的《森林报》里解答大家的疑问。

森林大事记

狐狸巧占獾穴

哎呀！不好了！狐狸家出大事了！洞里的天花板塌了，差点砸死了小狐狸。

狐狸一看，大事不好，这次得搬家了。

于是它一路小跑，来到獾的家里。瞧瞧，獾的房子真棒呀，这可是它自己辛辛苦苦挖出来的。为了躲避敌人的突袭而准备的紧急出口、入口一应俱全，房间宽敞，足够住两家人了。

狐狸想租一间房屋，獾却直摇头，说什么也不同意。獾可挑剔了，喜欢把一切都收拾得干干净净、井井有条，一丁点儿脏乱也受不了。不管狐狸如何央求，獾就是不肯让狐狸一家搬进来。

"那好吧，"被撵出来的狐狸怒气冲冲地说道，"咱们走着瞧！"

它假装走进森林，其实就躲在树丛后，静静地等待着机会。

獾从洞里探出脑袋看了看。"太好了，狐狸终于走了。"它一边想着，一边爬了出来，摇摇摆摆地走进森林里找蜗牛吃。

"哈哈！可让我等到机会了。"狐狸一溜烟地钻进獾洞，在地上拉了一堆屎，又飞快地逃走了。

獾回家一看，天哪！怎么这么臭呀！它气愤地哼了一声，扭头就走，去别处重新挖了一个干净的洞。

狐狸的诡计得逞了。瞧，它开心地把小狐狸全都叼了过来，在獾洞里舒舒服服地住下了。

神秘的夜间大盗

最近，森林里可不太平，出了一个神秘的夜间大盗，所有森林居民都提心吊胆，丝毫不敢大意。

每当月亮爬上树梢，总有几只小兔子不见踪影。小狍子、小松鸡、小雉鸡、小雷鸟个个惊恐不安。林间的小鸟，树上的松鼠，地上的老鼠，谁也不知道下一个受害者是谁，又会在哪儿受到攻击。神秘杀手总是来无

影、去无踪，有时在草丛里，有时在树枝上，简直神出鬼没，防不胜防！动物们纷纷猜测，说不定作案者不是单枪匹马，而是一个团伙呢！

就在几天前的一个夜晚，狍子一家四口外出觅食。狍子爸爸在树丛附近放哨，狍子妈妈带着两个孩子在田地中间吃草。冷不丁，一个身影从树丛里蹿了出来，猛地跳到狍子爸爸的背上。狍子爸爸摔倒在地，狍子妈妈和两个孩子拼命地逃进了森林。

第二天清晨，当狍子妈妈返回那块田地时，狍子爸爸早已不见踪影，地上只留下了它的两只犄角。

昨晚的受害者是麋鹿。就在它穿过茂密的森林时，发现一棵树的树枝上似乎长着一个奇形怪状的大木瘤。咦？这是什么东西？麋鹿有些好奇，却不害怕。要知道，在森林里，它可算得上是大块头，谁敢惹它？瞧它那对巨大的犄角，就连熊也要怕它三分。

麋鹿慢慢地走到那棵树下，正想抬头看个清楚。就在这时，一个可怕的庞然大物重重地压在它的脖子上，好沉啊，至少有七十磅呢。

面对出其不意的袭击，麋鹿吓了一大跳，它猛地一甩脑袋，将庞然大物抛了出去，头也不回地撒腿就跑，因此没有看清对方的模样。

这片森林里没有狼，况且，谁都知道，狼不会爬树。会是熊吗？也不可能呀，熊已经钻进密林中换毛去了，再说熊也不会从树上跳到麋鹿的脖子上呀。这个神秘的大盗究竟是谁？直到现在，依然是一个谜。

夜鹰的蛋哪儿去了

我们的记者发现了一个夜鹰的窝，里面有四个蛋。雌夜鹰察觉到有人靠近，立刻拍打着翅膀飞走了。

我们的记者并没有碰夜鹰的窝，只是记下了所在的位置，转身离开了。

一个小时后，记者又回来了，咦？奇怪，里面的蛋怎么不见了？

过了两天，记者才弄明白：原来是雌夜鹰担心有人破坏鸟窝，把蛋叼到别处去了。

勇敢的小鱼

我们已经介绍了棘鱼在水下的家是什么模样。

当新房建成后，棘鱼会寻找妻子，带它回家。雌棘鱼由前门进屋，产卵后再从后门游走。

接着，棘鱼又会出去寻找第二任妻子，然后是第三任、第四任。可是每一任棘鱼太太最后都离它而去，只留下鱼卵让它照顾。

如今，家里到处都是鱼卵，棘鱼只好独自留下来看家。

河里有很多家伙爱吃新鲜鱼卵，可不能马虎大意呀。可怜的棘鱼必须时刻保护自己的家，不让凶恶的水下怪兽前来侵犯。

就在几天前，一只贪婪的鲈鱼闯进了棘鱼的家，勇敢的小个子主人毫无惧色地扑了上去，与这个怪物搏斗起来。

瞧，它把身上的五根刺（背上三根，肚子上两根）统统竖了起来，巧妙地扎在了鲈鱼的鳃上。天哪！那可是鲈鱼的要害处。鲈鱼全身都覆盖着坚硬的盔甲，只有鳃赤裸在外。

这下可把鲈鱼吓坏了，它立刻摇摇尾巴，溜之大吉。

谁是凶手？

（参见《神秘的夜间大盗》）

今晚，森林里又发生了一件谋杀案，受害者是树上的一只松鼠。我们仔细勘察了案发现场，根据凶手在树干和树下遗留的痕迹，最终揭开了神秘的夜间大盗的真面目。最近突袭狍子的正是它，扰得所有动物心神不宁的也是它。

根据现场留下的脚印判断，罪魁祸首不是别人，就是森林里凶残的猞猁。

猞猁宝宝已经长大了，猞猁妈妈领着它们在森林里四处游荡。猞猁的视力厉害着呢，在漆黑的夜里同样看得一清二楚。如果谁在睡觉前没有躲藏好，那可就要遭殃咯！

六条腿的鼹鼠*

■森林记者 希柏琳

以下是加里宁市的森林小记者发来的报道：

"为了锻炼身体，我打算在地上竖一根杆子。就在我挖土时，随着泥土蹦出来一个小家伙。只见它的前掌有爪子，背上长着两片像翅膀一样的薄膜，全身覆盖着黄褐色的细毛。身长约两英寸，模样既像黄蜂，又像鼹鼠。根据它有六条腿的特征，我猜它应该是一种昆虫。"

乍一看，这种奇特的昆虫确实很像小小的野兽，难怪它有一个野兽的名字："蝼蛄"。它和鼹鼠十分相似，都有宽大的前爪，都是挖土能手。此外，蝼蛄的前腿很像剪刀，使它在地下行走时，能够剪断挡路的植物根茎。相比之下，鼹鼠就方便多了，它那强壮的前爪能够轻而易举地折断根茎，不然就直接用锋利的牙齿咬。

蝼蛄的下巴上还长着一对锯齿状的薄片，好像牙齿一样。

大部分时间，蝼蛄都待在地下。它和鼹鼠一样挖地道，产卵，再在地上堆一个小土丘。蝼蛄还长着一对又大又软的翅膀，要知道，它可是飞行高手呢！这一点令鼹鼠望尘莫及。蝼蛄主要生活在南方，在加里宁市很少见，在列宁格勒就更少了。

听了我们的介绍，你是否也很好奇，想亲眼看看这个不同寻常的小家伙呢？那就趴在潮湿的土地上，张大眼睛仔细寻找吧，尤其是水边、花园。教你一个诀窍：选择一个地方，每天往上面浇水，再用木屑盖起来。到了晚上，蝼蛄就会自动钻到木屑下的稀泥里了。

狼妈妈*

有一天，我和朋友在田野里发现了一个狼窝。往里一瞧，天哪，窝里有两只小狼呢。我们大吃一惊，连忙跑回村庄，把消息告诉了所有人。村民们争先恐后地赶去一看究竟。狼妈妈不在家，于是人们把小狼抱回了村庄。村里有一只叫"圆滚滚"的小狗，看见两只小狼，"圆滚滚"开心极了，迫不及待地想和它们玩耍。谁知小狼却竖起尾巴，朝它冲了过去。我们只好将"圆滚滚"抱进粮仓，锁上狗链，又把项圈套在小狼的脖子上。夜幕降临了，大家都忙着把牛赶到河边，村里空无一人。当我们回来时一看，咦？小狼哪儿去了？原来狼妈妈趁四下无人，又将小狼叼了回去。第二天晚上，谁知狼妈妈又来到了村里。你肯定猜不到这次它带走的是谁。告诉你吧，居然是"圆滚滚"。

蜥 蜴*

■森林记者 史特科夫

　　几天前，我在一根树桩上发现了一只蜥蜴，于是把它带回了家，放在一个大大的玻璃缸里，还在里面铺了沙子与鹅卵石。每天我都会换水、换沙子，还给它抓来苍蝇、小虫、蚯蚓、蜗牛。蜥蜴每次都大口大口地嚼着，吃得甭提多高兴了。它最喜欢的是白色的菜粉蝶。只见它飞快地转动脑袋，张开嘴，吐出分叉的舌头，一跃而起，扑向美味佳肴，好像狗扑骨头一样。

　　一天上午，我在鹅卵石之间的沙子里发现了白色的蛋，数了数，一个、两个、三个……整整十二个呢。蛋壳又软又薄。蜥蜴挑选一个能晒到太阳的地方孵蛋。一个月过去了，小蜥蜴破壳而出。别看它们刚刚出生，动作可是相当灵活呢，长得和蜥蜴妈妈一模一样。瞧啊，这一家子正趴在石头上，懒洋洋地晒太阳呢。

狩猎新闻

夏天打猎，目标既不是鸟儿，也不是野兽。事实上，与其说打猎，不如说是打仗。夏天，人类有许多敌人。例如，你在菜园里挖土、种菜、浇水。可是，你能保护蔬菜不受敌人的侵害吗？

竖起稻草人远远不够，它只能帮你赶走麻雀和少数几种鸟儿。菜园里还有这么一批敌人，别说是稻草人，就连真枪实弹也吓唬不了它们！用木棒敲不死它们，开枪也打不中它们，实在令人非常头疼！

这下怎么办？看来只能使点计策，要点花招才能对付它们，而且要擦亮眼睛，时刻提防。别看它们个头不大，搞破坏的本事可不小呢！

会跳的敌人

菜园里出现了一种小甲虫，全身乌黑，只有背上长着两道白条纹。它们像跳蚤一样在菜叶上跳啊跳啊。这下蔬菜可要倒霉了！

这种小甲虫叫做跳甲，是一种很可怕的敌人。菜叶还没长大，就被它们咬得千疮百孔，短短几天时间里，它们就能毁灭几英亩的菜地！芜菁、蕉青甘蓝、卷心菜最怕跳甲了。

消灭跳甲

小小的跳甲竟有如此大的破坏力，于是一场消灭跳甲、保护菜园的行动展开了。

首先，准备一根系有小旗子的棍子，小旗子两面都要涂上厚厚的胶水，只留下底部一条约一点五英寸的边儿。把这个武器扛到菜园去，在田垄间来回走动，同时在蔬菜上方挥舞棍子，注意只让没涂胶水的边儿碰到蔬菜。如此一来，只要跳甲向上跳起，就会被牢牢站住。不过先别高兴得太早，我们还没有完全获胜呢，还有大批新的敌人继续向菜园进攻。

第二天一大早，青草上还挂着露水时，我们就得起床，用一面细筛子，向蔬菜撒木灰、烟灰或熟石灰。别担心，这样做不会伤害蔬菜，却能消灭跳甲。

会飞的害虫

跳甲捣乱的本领大，不过比它更可怕的还在后头呢。蛾蝶就是其中一种。它们在菜叶上产卵，卵又变成毛虫，啃咬菜叶与菜茎。

最危险的蝴蝶包括白色的菜粉蝶（体型大，翅膀上有黑斑）、白色的芜菁粉蝶（比菜粉蝶体型小）。破坏力最大的蛾子有甘蓝螟蛾（体型小，翅膀下垂，身体前半部呈土黄色）、甘蓝夜蛾（有茸毛，身体呈棕灰色）、菜蛾（浅灰色，与衣蛾相似）。

与它们作战只需赤手空拳：把它们的卵收集起来，直接用手捏碎。还可以像驱除跳甲一样，撒木灰、烟灰或熟石灰。

别以为消灭了跳甲和蛾蝶就万事大吉了，还有一种敌人更难对付，它们直接攻击人类。这就是蚊子。

在静止的水中，可以看到许多毛茸茸的幼虫游来游去，还有肉眼几乎看不见的蛹，大大的脑袋与细细的身体极不相称，头上还长着小角呢。

这就是蚊子的幼虫与蛹。附近的沼泽地有很多蚊子卵，有的粘在一起，像小船似的浮在水面上，有的则依附在草叶上。

两种蚊子

有两种蚊子。一种叮人非常痛，还会起红疙瘩。这是普通的蚊子，危险性不大。

另外一种蚊子可要当心了。被这种蚊子叮过后，你会感染疟疾，忽冷忽热，身体发颤。可能刚刚好转一两天，又发作了。

这种蚊子叫做疟蚊。

从外表上看，两种蚊子非常相似，不同的是，雌疟蚊的吻部旁边还有一对触须。雌疟蚊的吻部带着有毒细菌，当它叮人时，细菌会进入人的血液中，破坏血球，因此人就会生病。

科学家在高倍显微镜下研究蚊子的血液，终于发现了这一点。而在肉眼下，什么也看不见。

灭蚊行动

既然蚊子对人类的危害这么大，那么该如何消灭它们呢？科学家经过长期的研究，终于找到了对付蚊子的办法。单单用手，是打不死所有蚊子

的。灭蚊要趁早,当蚊子的幼虫还在水里时,就应该和它们作斗争。

从沼泽地里舀出带有蚊子幼虫的水,装进事先准备好的玻璃瓶,再滴几滴煤油,看看会发生什么。煤油会在水里漫开,幼虫像蛇一样不停地扭动身体。大脑袋的蛹沉到瓶底,一会儿又拼尽全力地浮上来。

幼虫用尾巴,蛹用触须,都想冲破那一层煤油薄膜。不过煤油把水面封得死死的,不给幼虫留下一丁点能够呼吸的缝隙。结果所有幼虫都被闷死了。瞧,聪明的人类就是利用这种方法与蚊子做斗争。

在沼泽地里,可恶的蚊子严重地影响了人们的生活,于是人们就往死水里倒煤油。

一个月倒一次便足以使水里的蚊子断子绝孙。

打靶场

第四轮森林知识问答比赛

1、按照日历，夏天从哪一天开始？这一天有什么特点？

2、哪种鱼会筑巢？

3、哪种小动物在草地里，或在矮木丛里建造房屋？

4、哪种鸟没有鸟巢，只能在沙地里下蛋？

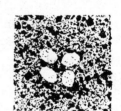

5、图中鸟儿的鸟蛋是什么颜色？

6、蝌蚪先长前腿，还是先长后腿？

7、城里的燕子（短尾）与乡村的燕子（分叉的尾巴）的巢有什么不同？

8、为什么不能用手掏鸟巢里的鸟蛋？

9、哪种鸟把鱼刺铺在鸟巢里？

10、为什么花鸡、金翅雀、莺的鸟巢很难被发现？

11、是不是所有鸟儿在夏天都只孵一次蛋？

12、谁的房子是用空气做的？

森 林 报

第五期内容提要

森林宝宝：

大家庭、小家庭——流浪的孩子——如果全都平安长大，又会怎么样呢？——人类将无立足之地——尽职的父母——沙锥与鹬鹏的孩子——科特林岛上的海鸥殖民地

森林大事记：

小熊洗澡——猫妈妈与兔儿子——我的妈妈是谁呢——小蚁鴽耍花招——捉迷藏——恐怖的镰刀——水下大战——潜水鸭——小鹧鹕

狩猎新闻：

恐怖的黑夜——光天化日下的抢劫——谁是朋友？谁是敌人？——猎杀猛禽——在巢边——伏击——雕鸮来帮忙——暗夜行动

打靶场：

第五轮森林知识问答比赛

森林宝宝

大家庭、小家庭

在奥尼本恩市郊的一片茂密森林里，生活着一只年轻的麋鹿。今年它生下了一个麋鹿宝宝。也是在这片森林中，白尾巴的雕巢里多了两只小雕。

金翅雀、花鸡、黄鹂各孵育了五只鸟宝宝。蚁䴕孵育了八只。长尾巴云雀孵育了十二只。

山鹑孵育了二十只。

在棘鱼的巢里，每一粒鱼卵都能长成一条小棘鱼，一共有几千条呢。鳊鱼产下的鱼卵能够孵化出几十万条小鱼。鳕鱼的后代就更庞大了，大约有几百万条呢。

流浪的孩子

鳊鱼与鳕鱼可不是称职的家长，它们对鱼宝宝一点儿也不关心，一产下卵，就摇着尾巴游走了。鱼宝宝们该怎么办呢？哎，只能靠自己了。不过这也不能全怪鱼妈妈，试想，如果你有几十万，甚至几百万个孩子，哪能对每个孩子都照顾周到呢？

别说鱼儿了，就连只有一千多个孩子的青蛙妈妈，也分身乏术呢。哎，实在管不过来，干脆让孩子们自生自灭吧。

可想而知，没有父母照顾的孩子们，日子过得有多么困难。水下躲藏着许许多多贪吃的家伙，最爱的食物就是美味的鱼卵与青蛙卵，鲜嫩的鱼苗和蝌蚪。

在鱼苗长成大鱼之前，在蝌蚪长成青蛙之前，要经受多少危险，又有多少同伴成为其他动物的腹中餐。天呀，一想就觉得恐怖！

如果全都平安长大，又会怎么样呢？

虽然被吃掉、被饿死的孩子不计其数，令人觉得可怜，但是你是否想过，如果所有鱼苗与蝌蚪都顺利长大，又会怎么样呢？现在就让《森林报》告诉你吧，那会是一副更加可怕的景象！

短短一两年内，所有海洋、河流、湖泊将变得"鱼"满为患。到那时，用不着坐船，踩着鱼儿的背就能直接走到对岸去。所有城镇乡村将泛滥成灾，被大水淹没。大批青蛙涌上陆地，捕捉苍蝇、蜗牛、蛹，个个狼吞虎咽。饥不择食的它们连鸟儿与小动物也不放过呢。

人类将无立足之地

如果你认为这是危言耸听，那就自己算算吧！一个夏天，一只青蛙会产下一千只小青蛙，其中五百只雌青蛙。第二年每只雌青蛙又产下一千只小青蛙：

$$500 \times 1,000=500,000$$

其中二十五万只为雌青蛙。第三年，这二十五万只雌青蛙又各自产下一千只小青蛙：

$$250,000 \times 1,000=250,000,000$$

其中一亿五千万只为雌青蛙。第四年：

$$125,000,000 \times 1,000=125,000,000,000$$

整整一千二百五十亿只青蛙！

如果每只青蛙占地两平方英寸，一千二百五十亿只青蛙将占地：

$$125,000,000,000 \times 2=250,000,000,000 平方英寸$$

二千五百亿平方英寸约等于六十平方英里！

这还只是一只雌青蛙带来的后果！到时候，世界上将有千亿只雌青蛙！天哪，简直不敢想象！

尽职的父母

麋鹿妈妈与所有的鸟妈妈都是尽职尽责的好妈妈。

为了自己唯一的孩子，麋鹿妈妈随时准备牺牲生命。即使身强力壮的熊打算攻击小麋鹿，麋鹿妈妈也毫不畏缩，又踢又咬，保准让这个大块头不敢再靠近小麋鹿半步！

我们的森林记者在田野里遇见了一只山鹬宝宝。它从记者的脚底下跳出来，又躲进草丛里。记者一把捉住山鹬宝宝，它立刻哇哇大叫起来。说时迟那时快，山鹬妈妈嗖的一下蹿了出来，当它看见自己的宝宝被记者抓在手中时，拼命地扇动翅膀，毫不犹豫地朝记者扑了过来，却一下子摔倒在地，可怜地咯咯直叫。记者以为它受伤了，赶紧放开山鹬宝宝，想捉住它查看伤势。只见山鹬妈妈一瘸一拐地向前走着，可是就在每次快要抓住它时，它却身形一闪躲开了。就这样，记者跟在它后面追啊追啊，突然它抖了抖翅膀，若无其事地飞走了。

记者调转回头寻找山鹬宝宝，却不见它的踪影。这时记者才恍然大悟，原来山鹬妈妈使了"调虎离山"之计。为了救宝宝，它假装受伤，将记者引开。多么称职的妈妈呀！把每个孩子都保护得好好的。因为它的孩子并不多，只有二十四个。

沙锥与鹗鹛的孩子

看呀，这就是刚刚破壳而出的小鹗鹛的模样。在它的鼻子上有一个小小的白疙瘩，叫做卵齿。小鹗鹛就是用卵齿敲破了蛋壳，才钻了出来。

小鹗鹛长大后会变成一种凶残的猛禽，常常令啮齿类动物闻风丧胆。不过现在嘛，它还只是个有趣的小不点呢。瞧，它一身绒毛，就连眼睛也是半闭着的，

显得那么无助、那么娇弱，和爸爸妈妈寸步不离，如果爸爸妈妈不喂它吃东西，它就会被活活饿死。

不过如果你认为所有鸟宝宝都是又娇气又可怜的，那你可就错了！也有一些鸟宝宝天性独立、勇敢无比。它们刚一出生，就能站得直直的，马上给自己找食吃，既不怕水，也能躲避敌

人。一个个能干着呢!

瞧,这就是两只小沙锥,它们刚从壳里出来才仅仅一天,就已经离开温暖的鸟巢,自己找幼虫吃去了。

为什么沙锥蛋如此之大呢?奥秘就在这儿:为了让小沙锥在里面长得更结实、更强壮。(见《森林报》第四期)

除了自力更生的小沙锥之外,山鹬宝宝也是坚强的孩子呢。刚从壳里爬出来,它就活蹦乱跳,一路小跑。还有小野鸭:秋沙鸭,刚出生就摇摇摆摆地走到河边,扑通一声跳进水里,开心地游起泳来。只见它一会儿潜水,一会儿伸伸懒腰,玩得不亦乐乎。瞧那动作、姿势,简直和大野鸭一模一样呢。

相比之下,旋木雀的宝宝可真是娇生惯养。它要在巢里待上整整两个星期,才会飞到树桩上,在那儿蹲一会儿。瞧,它不满地撅着小嘴,一副气鼓鼓的模样。这是怎么回事?原来,旋木雀妈妈好长时间没有给它喂食了。算算看,它已经出生快三个星期了,却依然唧唧地直叫,吵着闹着非要妈妈喂它吃毛虫和其他美味佳肴。

科特林岛上的海鸥殖民地

科特林岛附近有一片沙滩,那儿可是小海鸥们的避暑胜地呢。每当月亮爬上梢头,它们就躺在沙坑里舒服地睡大觉,每个沙坑里睡三只。整个沙滩上到处都是这种沙坑,真称得上是海鸥的殖民地了。

白天,它们揉揉惺忪的睡眼,伸伸懒腰,在长辈的指导下学习飞行、游泳、捉鱼。瞧它们学得多认真呀，跌倒了不要紧，拍拍土爬起来重新开始，连天空中的太阳公公也露出了赞许的笑脸。

老海鸥一边教孩子，一边警觉地四处张望，保护着它们。一旦察觉有敌人靠近，它们立刻成群结队地飞上天空，冲着敌人大声尖叫，齐齐地向它扑过去。这种阵势，谁见了能不害怕呢？就连巨大的白尾雕也会惊慌失措。最后在海鸥们齐心协力地攻击下，敌人只好灰溜溜地逃走了。

森林大事记

小熊洗澡

一天，我们的一位猎人朋友正沿着森林小河的岸边散步。突然，他听见一阵巨大的噼噼啪啪声音，好像是树枝被折断了。警觉的他立刻爬上了树。

只见一只棕色的大母熊从矮树丛中慢吞吞地走了出来，朝岸边走去，后面还跟着两只顽皮的小熊。熊妈妈张开大嘴，咬住其中一只熊宝宝的脖子，把它往河水里泡。

熊宝宝可害怕洗澡了，吓得直叫，四脚乱蹬。可是不管它怎么挣扎，熊妈妈就是紧咬不放，直到把它洗得干干净净才罢休。另一只熊宝宝也不喜欢洗冷水澡，于是一溜烟地跑进森林。熊妈妈追了上去，一把抓住它，给了它几个耳光，然后像对前一个熊宝宝那样给它洗了澡。

两只熊宝宝重新回到岸上，洗完澡的感觉真舒服呀。天气这么热，它们又穿着厚厚的皮大衣，正热得要命呢。在冷水里泡了一会儿，这下凉快极了。一家三口洗完澡后，开开心心地回到了森林。这时猎人才慢慢地爬下树，回家去了。

猫妈妈与兔儿子

今年春天，我们家的猫生了几只小猫，可是有的被别人抱走了，有的淹死了。碰巧也是在这一天，我们在森林里逮了一只小野兔。于是我们把小野兔放进猫窝，猫妈妈奶水充足，很愿意给小野兔喂奶。就这样，小野兔吃着猫妈妈的奶水长大了。它们俩可亲密了，常常睡在一起。

最有趣的是，猫妈妈竟然教小野兔和狗打架！哈哈，你肯定想不到吧。只要狗闯进我们的院子，猫妈妈就会立即扑上去，用爪子狠狠地又抓又挠。小野兔也有模有样地学起来，伸出前爪，像捶鼓似的朝狗身上乱打一气，打得狗毛直飞。这下，附近的狗一看见我们家的猫和它的兔儿子，都躲得远远地，心里可害怕了。

我的妈妈是谁呢

鹈鸰刚刚孵出了六只小鹈鸰。其中五只宝宝都很正常，可是鹈鸰妈妈左看右看，第六只宝宝怎么长得不一样呀，大大的脑袋，两只凸眼睛，嘴巴更是吓人，哪里像小巧的鸟嘴，明明就是野兽般的血盆大口！

六只小宝宝都渐渐长大，就属这只丑八怪长得最快。没过多久，它个

■上图：狡猾的狐狸。　　　■下图：孵育小鸟的时间到了。森林居民们都忙着建造属于自己的家。

■呀，原来凶残的猞猁正是那森林夜间谋杀案的凶手啊！

头蹿了好高，巢里越来越挤了，于是它撅起身体，一使劲，把娇小的兄弟们掀了出去。

如今，鹡鸰爸爸和鹡鸰妈妈每天出去觅食，喂宝宝们吃幼虫和昆虫。可是这只丑八怪的肚子好像无底洞，怎么吃也吃不饱。最后这只贪吃鬼终于长大了，羽翼丰满的它飞走了，这时鹡鸰两口子才恍然大悟，原来它们喂养的这只丑八怪是一只杜鹃。

小蚁鴷耍花招

我家的猫咪无意间发现了树干上的一个树洞，"这可能是个鸟巢呢！里面说不定有小鸟，太好了，我就喜欢吃小鸟。"想到这里，猫咪兴奋不已，赶紧爬上树，探头朝洞里看去。哎呀！不看不要紧，这一看可把猫咪吓得不轻。只见洞底有几条小蛇扭动着身体爬来爬去，嘶嘶作响。天哪！猫咪急忙从树上跳下来，拔腿就跑。

树洞里难道真的有蛇？其实呀，那是蚁鴷的幼鸟。这一招是它们专门对付敌人的计策：脑袋和脖子扭来扭去，乍看之下，好像是蛇在蠕动。此外，它们还能发出像蛇一样的嘶嘶声。试想，谁不怕毒蛇呀！有了这一绝招，小蚁鴷就可以轻而易举地吓唬敌人，高枕无忧了。

捉迷藏

一天，松鸡妈妈带领着一群黄绒绒的小松鸡正在草地上玩耍。天上飞过的一只大大的鹞鹰看见了这一幕，心里美滋滋地想着："哈哈，这下我可以饱餐一顿了。"可是就在它准备俯冲而下的时候，机警的松鸡妈妈发现了它，立刻大叫一声，孩子们一下子全都消失了。鹞鹰左看看右瞧瞧，咦，真奇怪，怎么一只也不见了？好像钻进了地缝似的。"哎，还是算了吧。"沮丧的鹞鹰自言自语道，只好拍着翅膀飞走了。

看到这里，相信读者与鹞鹰一样纳闷吧，松鸡怎么会凭空消失呢。告诉你们吧，其实呀，它们哪儿也没去，听到妈妈的叫声后，它们迅速躺在原地，身体紧紧地贴着地面，从半空往下看，压根看不出它们和叶子、青草、土地的区别呢！也难怪鹞鹰两手空空地飞走了。

这不，警报解除后，松鸡妈妈又叫了一声，黄绒绒的小松鸡们纷纷从地上爬起来，又开始蹦蹦跳跳地玩耍了。

恐怖的镰刀

每当这个季节，农夫们都会割草做饲料。不过这对于鸟儿与野兽来说，无疑是巨大的灾难。瞧，青草茂密，好像无边无际的绿色海洋。农夫们在其中挥舞着镰刀，热火朝天地割草，割得只剩下光秃秃的草根。农夫们干活的速度真快，嗖嗖地好似一阵风，躲藏在草丛中的动物们猝不及防，好多都挂了彩，有的甚至还丢掉了性命。哎呀，镰刀割掉了一只长脚秧鸡的脑袋。哎呀，一只野兔被砍下了一条腿。好奇的鼹鼠从地下探出头来，正想看个明白，哎呀，却在刀下丢了脑袋，实在倒霉呀！

除了令动物们频频受伤的镰刀之外，大块头割草机也令它们胆战心惊。只见割草机从田野上来回开过，将草丛压成一块平坦的绿地毯。一次！两次！三次！咦？机器下的吱吱声是怎么回事？顾不上那么多了！再重新开始！一次！两次！三次！这一次割草机又压上了什么动物。算了，

没有时间查看了！机器继续向前开进。一次！两次！三次！

在机器后面，是一瘸一拐的田鼠和仓鼠。地上还有一道道长长的血迹，那是受伤的雉鸡、山鹬、野兔流下的鲜血。在平整的草地上，禾鼠那精巧的巢穴（里面还有一群黄色的小禾鼠呢）如今支离破碎；云雀的鸟巢也被践踏在割草机的钢铁大脚下……

动物们眼睁睁地看着昔日美丽的草地变成了一片沙漠……

水下大战

别以为只有陆地上的小家伙才喜欢打架，其实呀，水下的孩子们也常常打得不亦乐乎呢。

一天，两只小青蛙跳进水里，看见了一个奇怪的家伙，只见它身体细长，大脑袋，四条小短腿划来划去，哦，原来是蝾螈呀。

"这个丑八怪长得真可笑！"两只小青蛙心想，"我们应该揍它一顿！"

心动不如行动，于是，两只小青蛙发起进攻。一只使劲揪住蝾螈的尾巴，另一只则一把抓住蝾螈的前腿。两只小青蛙用力一拽，竟然扯下了蝾螈的尾巴和前腿，蝾螈匆匆忙忙地逃走了。

几天后，两只小青蛙又在池塘里遇见了这只可怜的蝾螈。一见蝾螈的模样，两只青蛙扑哧一声乐了。没想到这次它倒真的变成了怪物：原来长尾巴的地方竟然长出了一只前腿，原来长前腿的地方却长出了一条尾巴！

这是怎么回事？蝾螈的再生本领比蜥蜴还要强呢。只不过呀，有时蝾螈会犯糊涂，在错误的部位长出错误的肢体，怪不得两只青蛙笑得前俯后仰呢！

潜水鸭*

■森林记者 瓦伦蒂·波波夫

有一天，我去湖里游泳，看见一只潜水鸭正在教孩子们如何躲避人类。鸭妈妈像船一样飘浮在水面上，鸭宝宝则潜进水里。只要鸭宝宝一钻下去，鸭妈妈就会游到它们潜水的地方，东张西望。最后，鸭宝宝淘气地从附近的芦苇丛中探出脑袋，又咕咚一声钻了进去。于是，我开始游泳了。

小鸊鷉*

■森林记者 库洛基

一天，我正沿着河岸散步，突然在水面上看见一种水鸟，模样倒有几分像小鸭子，再仔细一看，又不是小鸭子。

"它们究竟是什么呢？"我好奇得不得了，"鸭子嘴巴是扁扁的，它们的嘴巴却是尖尖的呀。我一定要弄个清楚。"

于是我飞快地脱掉衣服，跳下水游向它们。它们却躲开我，爬上了对岸，我奋力直追，眼看就要捉住它们了，它们又扑通一声跳进水里。不行，不抓住它们我誓不罢休。我又赶紧跟在它们后面，谁知它们又避开了我，就这样引着我游来游去，这一趟一趟的，把我累得够呛！到头来，还是没抓住它们。

后来我又看见了好几次，不过没敢下水去捉。原来它们不是小鸭子，而是小鸊鷉。

狩猎新闻

在这个月里能打到什么猎物呢？小兽们还没长大，小鸟们还没学会飞行，法律禁止在此时打猎。狩猎期要到八月才开始呢！

不过即使是在夏天，法律也允许打那些专吃林间小动物的野兽与猛禽。

恐怖的黑夜

如果你在夏夜出门，会听到森林里传来的阵阵怪叫声，"呼呼呼"，"嚯嚯嚯"，"咯咯咯"，实在令人不寒而栗，毛骨悚然！

你可能会想，既然户外这么可怕，那就别出门了。可是即使待在家里，偶尔从阁楼或屋顶上也会传来几声闷响，似乎有一个低沉的声音在说："快呀！快呀！"就在这时，你会看见在一片漆黑中，出现了两盏圆溜溜的绿灯，这是一双邪恶的眼睛。紧接着一个无声无息的黑影在你面前一闪而过，几乎碰到了你的脸。此情此景，怎能不叫人心惊胆战呢？

有了这种恐惧心理，就怪不得人们对各种各样的猫头鹰深恶痛绝了。每当夜幕降临，森林中的猫头鹰就站在树枝上尖声大笑，栖息在屋顶上的猫头鹰则用一种不祥的声音大叫着："快呀！快呀！"

就算是在白天，假如从一个黑漆漆的树洞里冷不丁地探出一个大大的脑袋，一双圆溜溜的眼睛左右乱转，尖钩一样的嘴里发出"吧嗒、吧嗒"的声音，谁见了能不害怕呢？

半夜三更时，家禽的笼子里发生了骚乱，"咯咯咯"，"呱呱呱"，"嘎嘎嘎"，鸡鸭鹅们叫个不停。第二天清晨，主人清点数目，发现少了几只。不用问，肯定是猫头鹰干的好事！

光天化日下的抢劫

不光是在黑夜里，就连大白天，猛禽也让农夫们不得安宁。只要鸡妈妈一扭头，稍稍大意，小鸡就被鸢鹞鹰抓走了。公鸡刚跳上篱笆，老鹰嗖地一下就把它叼在嘴上。鸽子刚刚从屋顶上飞起，不知从哪儿冒出来的一只隼便冲进鸽群，霎时间羽毛乱飞，隼抓起一只死鸽子，瞬间消失得无影无踪。

这些家伙太可恶了，竟敢在光天化日下如此嚣张。农夫们个个怒气冲冲，对这些大胆的强盗恨得咬牙切齿。如果猛禽落入他们手中，那就遭殃了。气愤的农夫才不管这只鸟是好是坏呢，只要它长着弯钩一样的嘴巴和长长的爪子，一律打死。不过如果他真的打算彻底消灭附近所有的猛禽，会有怎样的后果呢？田鼠会偷偷地大量繁殖，地松鼠会吃光所有庄稼，菜园里的白菜也会被野兔们啃个精光。

这样一来，愚蠢的农夫将遭受巨大的损失。到那时候，后悔可就来不及了！

谁是朋友？谁是敌人？

为了避免这种情况的发生，农夫必须学会区分哪些猛禽是有益的，哪些猛禽是有害的。有害的猛禽攻击野鸟与家禽，有益的猛禽专吃老鼠、田鼠、土拨鼠与其他破坏性的啮齿类动物。

例如猫头鹰，尽管模样恐怖，却是对人类有益的朋友。只有个头最大的雕鸮与灰林鸮才是讨厌的捣乱鬼。不过即便如此，它们也常常捕捉啮齿类动物呢。

白天活动的猛禽中，危害最大的就是鹰。我们这里有两种鹰：苍鹰与雀鹰（比鸽子瘦小、细长）。

如何区别鹰与其他猛禽呢？其实非常简单。鹰是灰色的，胸脯上的羽毛五彩斑斓，头小小的，嘴巴扁平，眼睛呈淡黄色，生性凶狠，连比自己个头大得多的鸟类也敢攻击，就算吃得饱饱的，也会毫不留情地下手。

区分鸢鹞鹰也不难。它的尾巴是分叉的，身体不如鹰强壮。鸢鹞鹰不敢攻击更大的鸟类，只会东张西望，寻找迷路的幼鸟。

大隼也是害鸟。它们长着一对又长又尖的翅膀，仿佛镰刀一样。飞行速度在鸟类中可是数一数二的呢，常常在半空中发起突袭。

不过提醒大家，最好不要惊动小个头的隼，它们中有很多可是有益的鸟儿，例如红隼。

红隼常常在田野上空活动。瞧，它们扇动着翅膀，就那样停在空中，仿佛被一根隐形的线吊在云朵上。要问它们在干什么？其实呀，它们是在寻找草丛里的老鼠。

总的来说，鹰带给我们的害处大于益处。

猎杀猛禽

一年四季都可以猎杀有害的猛禽，方法也是多种多样，下面我们就为读者们介绍几种常见的方法：

在巢边

最方便的方法，就是守在鸟巢旁边捕捉猛禽，不过这样做也是相当危险哦。

为了保护幼鸟，硕大的猛禽会挺身而出，怒吼着朝猎人扑来。你必须近距离射击，瞄得要准，开枪要快，否则眼睛难保。不过要找到它们的鸟巢可难着呢。鹰、隼、雕通常把巢筑在人迹罕至的悬崖峭壁上，或茂密森林里那些苍天大树的树顶上。雕鸮和灰林鸮也不例外。

伏　击

鹰和雕经常会落在干草堆上、柳树上或孤零零屹立的枯树枝上寻找目标，绝不让人类靠近半步。如果选择这时猎捕它们，猎人必须躲在灌木丛中或岩石后，使用远射程的来复枪，打一场伏击战。

雕鸮来帮忙

猎人们白天打猎时，常常会带上一只雕鸮。先在一座小山丘上插一根木杆，在木杆上钉一根横梁，再在几步开外的地方栽一棵枯树，在旁边搭一个小棚子。早上，猎人把一只雕鸮拴在带横梁的木杆上，自己则躲进小棚子里。

不一会儿，隼或鹰就发现了这个可恶的坏蛋。因为雕鸮常常趁夜色四处打劫，其他动物对它恨得牙痒痒。终于发现了这个夜间大盗，谁都恨不得立刻扑上去，报仇雪恨。这不，只见猛禽盘旋着，向雕鸮发起进攻，又落在枯树上，大声地咒骂着这个强盗。雕鸮被牢牢地拴在树上，动弹不得，只能眨眨眼睛，无奈地尖叫着。

这个时候，怒气冲冲的猛禽才不会注意到旁边的小棚子呢。于是猎人趁机扣动了扳机。

暗夜行动

要问最有趣的方法是什么？那肯定是夜间打猎了。老雕与其他猛禽在哪儿过夜呢？想知道并不难。如果雕找不到峭壁，常常会飞到孤零零的大树树顶上睡觉。

这一天，月亮调皮地躲进了云彩后面，大地一片漆黑。这可是个好机会，千万不能错过呀。于是猎人背上猎枪，出门寻找这样的大树。

雕正在树上呼呼大睡，浑然不觉猎人正向这棵树悄悄靠近。只见猎人蹑手蹑脚地来到树下，突然举起手电筒，朝雕射去一道刺眼的光束。被强光惊醒的雕眯缝着眼睛，什么也看不见，只能傻傻地站在树枝上。不过树下的猎人可是看得一清二楚，还等什么呢，就是现在。他迅速瞄准目标，砰砰几枪，雕应声落地。

打靶场
第五轮森林知识问答比赛

1、哪种鸟有牙齿？

2、哪种牛吃得更多，是有尾巴的，还是没有尾巴的？

3、哪个季节猛禽吃得最饱？

4、哪种动物在成年之前要出生三次？

5、为什么天热的时候狗会吐舌头，马却不会呢？

6、哪种幼鸟不认识自己的妈妈？

7、哪种幼鸟会像蛇一样发出嘶嘶的声音？

8、如何根据嘴巴区分年幼与年长的秃鼻乌鸦？

9、哪种鱼会一直照顾孩子，直至它们长大？

10、蜜蜂蜇人以后会怎么样？

11、刚出生的小蝙蝠吃什么？

12、中午时，向日葵朝向哪里？

森　林　报

（夏季第三月）　　　　太阳进入处女宫

第六期内容提要

森林里的新规矩：

友好往来！——人人为我，我为人人！——训练场——咕
啰！咕啰！——一条可恶的规则——蜘蛛飞行员

森林大事记：

大家都来抓强盗——黑熊之死——夏日飘雪——收割后
——小野兔——来自一位敏锐观察者的报道

狩猎新闻：

打野鸭——猎人的好帮手——白蜡树林中——不公平的游
戏

打靶场：

第六轮森林知识问答比赛

森林里的新规矩

森林宝宝们都已长大，从各自的家里爬了出来。一条新规矩也出炉了：

友好往来!

春天里，鸟儿们严格划定了边境，不越界，互不往来。如今的情况却大不同。瞧呀，它们正带着孩子在森林里四处转悠呢。森林居民开始互相串门，你来我往。昔日海陆空无形的界线被打破了，就连猛禽也不再严格地守护着自己的领地。现在的野味多得是，足够大家分享的了，何必还要划定地盘呢？松貂、臭鼬、白鼬在森林里来回闲逛，反正在哪儿都不愁没吃的。傻头傻脑的小鸟、缺乏经验的小兔、粗心大意的小老鼠，都是它们的美味佳肴呢。

燕雀成群结队地在林间飞来飞去。它们也有自己的规矩：

人人为我，我为人人!

谁要是首先发现了敌人，必须立刻大声尖叫，向同伴发出警告，以便大家及时逃散。如果有一只燕雀遇到了危险，大家就得齐心协力，一同上阵，吓跑敌人。

几百双明亮的眼睛提防着敌人，几百张尖利的嘴巴随时准备发起进攻。加入队伍的鸟儿自然多多益善。

群里的幼鸟还必须遵守另一条规则：向长辈学习。大鸟们不紧不慢地啄麦粒，小鸟们必须跟着啄。大鸟们仰着头一动不动，小鸟们也要仰着头一动不动。大鸟们突然逃跑，小鸟们也要紧随其后。

训练场

小鸟正忙着向长辈虚心学习。鹤与松鸡也没闲着。瞧，它们正在森林的训练场上教导下一代呢。小松鸡聚在一起，仔细观察松鸡爸爸的动作。松鸡爸爸咯咯咯地叫，小松鸡也跟着用稚嫩的嗓音咯咯咯地叫。不过现在松鸡爸爸的声音可和春天里的声音不一样，音调大变样了。

在训练场的另一边，鹤宝宝们排着整齐的队伍，正在学习飞行呢。这一门课程可是相当重要，因为在长途飞行中，三角形的队形会让它们节省不少体力。

看呀，飞在阵型最前头的是最强壮的鹤。作为带头者，它必须花费更大的力气才能冲破空气阻力。糟了，它累得气喘吁吁，快要飞不动了。别担心，这时会有另一只体力充沛的鹤取而代之，疲惫的它则退到队尾。

鹤宝宝们跟着领队有节奏地挥动翅膀，头尾相接地飞行。身体强壮的飞在前面，弱小的跟在后面。三角形的阵列冲破空气阻力，多像船在破浪前行呀。

咕啰！咕啰！

"全体注意——我们到了！"

鹤宝宝一只接一只地落在地上。这里是田野中间的一块空地，飞行训练课结束后，鹤宝宝们开始学习舞蹈与体操。瞧，它们跳跃、旋转、练习各种舞步、按节拍挥动翅膀。最后是扔接小石子练习：先用嘴把一块小石子抛向空中，再用嘴稳稳接住。可别小瞧了这个动作，虽然看似简单，却是其中最难的一门课程呢。

所有鹤宝宝都全神贯注地学习，谁也不敢偷懒，它们在为长途飞行做准备……

一条可恶的规则

以上的几条规则都受到了动物们的欢迎。但是在成年雌蜘蛛中，却有一条可恶的规则。夏天，当小蜘蛛刚刚出生时，蜘蛛妈妈对孩子们照顾得无微不至：给它们喂食，为它们建造挡风遮雨的家，不惜生命与敌人作战。

但是当夏天接近尾声，小蜘蛛长大了，蜘蛛妈妈的态度却来了个三百六十度大转变。现在的它可是十足的坏妈妈，小蜘蛛们全都尽力地躲着它。这是为什么呢？原来呀，一旦蜘蛛妈妈发现了它们，就会毫不留情一口把它们吞下肚子。这就是成年雌蜘蛛的规则：喂养孩子，当孩子长大后，它们就是你的腹中餐！

小蜘蛛们都害怕极了，谁也不想变成自己妈妈的晚餐呀！可是怎么样才能远远地躲开妈妈呢？哎，要是能够飞行就好了。

蜘蛛飞行员

可是没有翅膀，怎么能飞呢？小蜘蛛们绞尽脑汁，开动脑筋，想啊想啊，终于想到了一个好主意！做一个热气球飞行员。

小蜘蛛从肚子里吐出一根细丝，挂在树枝上。风把蛛丝刮得左右摇摆，却怎么也吹不断。千万别小看了这细细的蛛丝，它可是和蚕丝一样坚韧呢。

小蜘蛛坐在地上，蛛丝缠绕在地面与树枝之间。小蜘蛛吐丝把自己严严实实地缠起来，好像蚕茧一般。它还在不停地吐丝，蛛丝越来越长，风也越刮越大。小蜘蛛用脚牢牢地抓住地面。一、二、三！出发了！小蜘蛛咬断挂在树枝上的蛛丝。哈哈！它迎着风飞起来了。现在赶快解开身上的细丝吧！

瞧，小小气球飞过了草地，飞过了灌木丛。地上的蜘蛛妈妈仰头看着，着急得直跺脚，却一点儿办法也没有，它太重了，怎

么能够飞起来呢？

骄傲的小小飞行员俯瞰地面，应该在哪儿降落呢？是树上，还是水上呢？不行，都不行。继续往前飞吧。太好了，那儿有个院子，一群苍蝇正绕着一堆垃圾嗡嗡乱飞。就是那儿了，准备降落！

飞行员把蛛丝绕到自己身下，用小爪子把蛛丝卷成一个小球。气球飞得越来越低、越来越低……

预备，降落！蛛丝的一头挂在了一片草叶上，飞行员安全着陆了。

小气球足足飞了一英里远，蜘蛛妈妈要走整整一年，才能到达这么远的地方！看来在这儿安家安全极了。就这么定了！小蜘蛛暗暗想道。

通常在干燥的秋季，空中飘满了小蜘蛛飞行员。农民抬头看天："深秋来了。"

森林大事记

大家都来抓强盗

小黄莺成群结队地在林间飞行，枝头上、灌木丛中，处处都留下了它们的足迹。树叶下、树皮上、缝隙里，它们仔仔细细地搜寻着，不放过任何一条毛虫、昆虫、衣蛾。

"啾啾！啾啾！"一只小鸟惊慌地叫起来。所有鸟儿立刻提高警惕，它们发现下面的树根之间躲藏着一个家伙，它那乌黑的脊背在枯木间时隐时现，细长的身体像蛇一样不停扭动，一双狠毒的小眼睛射出凶光，原来是一只白鼬。

"啾啾！啾啾！"四面八方都传来鸟儿的叫声，大家急急忙忙地飞走了。

天亮时还好办！只要有一只鸟儿发现了敌人，所有鸟儿都能安全逃脱。但是天黑之后，事情可就不妙了。累了一天的鸟儿们此刻都蜷缩在树枝下睡觉。糟糕的是，敌人可没睡觉呀！瞧，一只猫头鹰挥舞着柔软的翅膀，悄无声息地飞了过来，看准鸟儿们的位置，嗖的一声俯冲而下。睡梦中的鸟儿被敌人的突袭惊醒，吓得四处逃窜。哎！可惜总有两三只动作稍慢的鸟儿没能躲过敌人的铁爪。

看来这儿不安全了，于是这群黄莺又向森林深处飞去，体态轻盈的鸟儿们穿过一层又一层树叶，钻进了最隐秘的角落。

在茂密的丛林中，有一个粗大的树桩，上面长着一株奇形怪状的伞

菌。咦？这种东西怎么从来没见过？一只好奇的小黄莺飞到伞菌面前，想看看里面有没有蜗牛之类的小动物可以吃。谁知"伞菌"竟然抬起眼皮，露出两只圆溜溜的眼睛，恶狠狠地盯着鸟儿。这时黄莺才看清，这哪里是什么伞菌，分明就是猫一样的脸，上面还长着弯钩形的嘴巴。

惊慌失措的小黄莺连忙往旁边一闪。

"啾啾！啾啾！"

整个鸟群骚动不安，可是这一次谁也没有飞走，而是把这个可怕的树桩团团围住。

"是猫头鹰！是猫头鹰！救命啊！救命啊！"

猫头鹰只是愤怒地眨了眨眼睛，咕哝道："哼，竟敢打扰我！不让我睡个好觉！"

这时，很多小鸟都听到了警报信号，从四面八方飞来增援。

它们来抓强盗了！

小小的金冠鹪鹩从高高的松树上直冲而下；灵巧的山雀从灌木丛里跳出来，勇敢地投入战斗。它们在猫头鹰的上方不停地盘旋而飞，不时还对它冷嘲热讽：

"有本事就来抓我们呀！来试试呀！我们倒要看看光天化日下，你有多大的能耐。你这个卑鄙无耻的老强盗！"

猫头鹰只是嘟嘟嘴，眨巴眨巴眼睛。大白天的，它能有什么办法呢？

鸟儿络绎不绝地飞来，越聚越多。一大群勇敢强壮的蓝翅膀松鸦也循着小黄莺的尖叫声赶来助阵了。

这下猫头鹰慌了神，挥动翅膀赶紧开溜，要不然会被松鸦啄死。不过松鸦可不会这么轻易地放过它。它们紧随其后，追啊追啊，一直把猫头鹰赶出了森林才作罢。

经过这次打击，猫头鹰短时间内肯定不敢再回到老地方了。这下，小鸟们终于可以睡个安稳觉了。瞧，它们在月光下睡得多香呀！

黑熊之死

这一天，猎人半夜三更才走出森林，返回村庄。当他走到燕麦田时，看见田里有个黑影在闪动。咦？那是什么东西呢？难道是母牛迷路了吗？他向前几步，定睛一瞧，天哪！居然是一只熊！只见它肚皮朝下，趴在地上，前爪抱着一束燕麦，正美滋滋地吮吸呢。看来它很喜欢燕麦汁，满意地直哼哼。

猎人手上只有一颗打鸟用的小铅弹。不过他是个勇敢的小伙子，面对这个庞然大物，一点儿也不害怕。

"管他呢，豁出去了，"猎人暗自想道，"先朝天上开一枪，总不能让可恶的熊就这么糟蹋麦田呀。只要它没受伤，它是不会招惹我的。"

想到这儿，猎人压上子弹，朝天开了一枪。"砰！"枪声就在熊的耳边响起。突如其来的巨响把毫无防备的熊吓得一蹦三尺高，拔腿就跑，跌跌撞撞地钻进旁边的树丛中。

哈哈！原来熊这么胆小啊！猎人一边嘲笑着，一边向家里走去。

第二天早上，他想："我得去田里看看，还不知道这可恶的熊糟蹋了多少燕麦呢！"

他来到昨晚那个地方一看，到处都是熊的脚印，延伸了好远好远。于是，他跟着脚印一路往前，走到森林边上，却被眼前的一幕吓住了。天哪，昨晚那头熊竟然一动不动地躺在地上！看来它是被昨晚的枪声吓死了！要知道，这可是整个森林里最强悍、最恐怖的动物呀！猎人看着熊的尸体，实在哭笑不得。

夏日飘雪

昨天，湖面上空飘起了雪花。轻盈的雪花如柳絮一般在空中飞舞，眼看就要飘落到水中，却又打个转，腾空而起，回旋着，回旋着，再慢慢落下。晴空万里，阳光耀眼，热浪袭人，空气中一丝风也没有。湖面上却大雪纷飞！你说奇怪不奇怪？

今天早上，整个湖面和岸边都洒上了一层干巴巴的雪花。这些雪花可不同寻常，它们既不融化，也不反射阳光。拿在手中，暖暖的，甚至还有点儿脆呢！

咦？这究竟是怎么回事？我们走近一看，这才恍然大悟。这哪里是什么雪花呀，而是成千上万只长着小小翅膀的昆虫：蜉蝣。

蜉蝣住在阴暗的湖底，那时，它们还是模样难看的幼虫，在湖底的软泥里来回乱爬，以淤泥和腐臭的水藻为食，终日不见阳光。就这样过了整整三年，直到昨天才爬到岸边，脱掉丑陋的幼虫皮，展开轻盈的翅膀，伸出三条细长的尾巴，开心地飞上天空。

蜉蝣的生命非常短暂，只有一天时间。因此它们在空中尽情地跳舞，享受灿烂的阳光，呼吸新鲜的空气。

整整一天，它们都在阳光中跳啊唱啊，好似一朵朵轻盈的雪花在空中旋转飞舞。原来，这就是夏日飘雪之谜。

快乐地跳完舞，雌蜉蝣落到水面上，开始产卵。

太阳落山了，岸边和水面上密密麻麻地布满了蜉蝣的尸体。

水里的蜉蝣卵将变成幼虫，继续躲进暗无天日的湖底，度过一千多个日日夜夜，然后它们也会像上一辈一样飞出水面，挥舞翅膀，享受短暂的快乐时光。

收割后

农夫们刚刚收割完田里的庄稼，猛禽们便飞来光顾了。瞧，一只红隼落在干草堆上，目不转睛地盯着一只从洞里探出脑袋的田鼠。一只乌鸦东张西望，四处寻找，看看哪儿有挂彩的小野兔，或不幸被镰刀误伤的其他小动物。鸥鸟不停地盘旋着，一会儿又落在光秃秃的田里，捕捉蚱蜢、甲虫、田鼠。

收割后的田野就像战斗结束后的战场，乌鸦一遍一遍地飞过，发出胜利者的叫声。

小野兔*

■森林记者 卡瑞诺夫

今天，我们决定帮助农民伯伯收割。我们跟在收割机后面，发现了一只被割掉脑袋的野兔，又看见了一只断了一条腿的小野兔，还好，旁边的一只小野兔安然无恙。于是我们把两只小兔子放进一个锡盆里，带回了家。

健康的小野兔和我们一起生活了五个星期。起初我们担心猫会对它不友好，谁知它们很快却成了好朋友。小兔子可淘气了，常常满屋乱窜，还喜欢和我们捉迷藏。我们每天都喂它吃白菜、胡萝卜、牛奶、糖，还给它取了一个好听的名字："兔子乖乖"。只要我们一叫它，它就会蹦蹦跳跳地跑过来，别提多可爱了！

来自一位敏锐观察者的报道*

■森林记者 伯瑞斯福

八月二十六日，我帮爸爸搬运干草。当我坐上马车时，发现矮灌木丛上趴着一只大大的猫头鹰。我赶紧勒住缰绳，跳下马车，好奇地想看看它究竟在做什么？奇怪的是，看着我一步一步地靠近，这只猫头鹰竟然没有飞走，依旧趴在原处一动不动。于是我又上前几步，凑得更近了，还朝它扔去一根树枝。这下，猫头鹰拍拍翅膀飞走了。它刚一飞走，十几只小鸟就从灌木丛后飞了出来，原来它们刚刚是在躲避敌人呢。看着敌人离开的身影，它们松了一口气，太好了，现在安全了。小鸟们拍拍胸口，然后慢悠悠地飞走了。

狩猎新闻

现在，小动物们都已长大，又到了打猎的黄金季节。猎人们绞尽脑汁，使出浑身解数，想要捕捉聪明的鸟儿。不过这可不是一件简单的事，必须掌握鸟儿的习性与规律，才能想出有效的法子，不然最后可就只有两手空空喽。

打野鸭

猎人早就注意到，小野鸭会飞之后，野鸭们就会集体出动，从一个地方飞到另一个地方，一天两次。白天，它们钻进茂密的芦苇丛中休息，养足精神；太阳一落山，就从芦苇丛中飞出来。

猎人很清楚野鸭将飞向何处，已经守候多时了。他躲藏在岸边的灌木丛中，脸朝湖水，静静地等待着太阳下山。

夕阳西沉的地方，天空被染得一片通红，美丽的晚霞映衬出野鸭黑色的身影。瞧，它们径直朝猎人飞过来了。猎人轻松地瞄准目标，从灌木丛后面出其不意地连连开枪，一直打到天黑。

夜晚，野鸭在麦田里觅食，早上又会飞回芦苇丛中。猎人已经在野鸭的必经之路上等着了。这一次他面朝东方，背对着水面站着。一群群野鸭又径直朝着他的枪口飞过来了。可想而知，猎人这次可是满载而归呢！

猎人的好帮手

一群小松鸡在草地上找食吃。它们尽量挨着林边溜达，万一发生什么意外，可以立刻逃到林子里。

瞧，它们正在津津有味地吃着浆果，这可是它们最喜欢的食物呢。

就在这时，一只小松鸡听见草丛里传来一阵沙沙沙的脚步声，它抬头一看，天呀，只见草丛上方露出一张可怕的兽脸，两片厚厚的嘴唇耷拉着，微微颤动，眼睛死死地盯着小松鸡，露出贪婪的眼神。

小松鸡吓得缩成一团，和野兽四目相对，等待着，看看接下来会发生什么。只要那可怕的家伙稍稍一动，它就会马上展开强壮的翅膀，迅速飞

走。哼，有本事就飞到天上来抓我吧。

时间仿佛停止了。怪兽还是一动不动地看着小松鸡，小松鸡也没敢飞，双方就这么静静地等待着……

突然，不知什么地方传来一声命令："向前！"

说时迟那时快，野兽猛扑过去，小松鸡扑哧扑哧地扇动翅膀，一溜烟地飞进了森林。

砰的一声，火光一闪，一阵硝烟从森林里冒了出来。小松鸡一个跟头栽倒在地。

猎人快步走上前，捡起地上的猎物，又吩咐猎狗继续前进：

"嘘！轻一点。好样的，蒂娜，再仔细找找……"

白蜡树林中

高大的白蜡树林里一片漆黑，万籁俱寂。太阳刚刚告别森林，笔直的树干沉默无声，猎人不紧不慢地走在其中。

前面一阵喧闹，好像有一阵风吹动了树叶，前方是一片白蜡树林。猎人止住了脚步。

又是一片寂静。

听，又有声音响起，仿佛是淅淅沥沥的雨滴打在树叶上。

吧嗒！吧嗒！吧嗒！

猎人蹑手蹑脚地往前走，离白蜡树林越来越近了。

吧嗒！吧嗒！吧嗒！

声音又停止了。

隔着浓密的树叶，几乎什么也看不见。

猎人站住了，一动不动。

比比谁更有耐心，是躲在树叶中的那个家伙，还是带着枪、埋伏在树下的猎人？

又是长时间的安静。

声音再次响起：吧嗒！吧嗒！吧嗒！

哈哈，这回你可露出马脚了！只见一只雷鸟坐在树枝上，正用嘴吧嗒吧嗒地啄着细细的叶茎。猎人举起枪，仔细瞄准，粗心的小雷鸟随着枪声，重重地摔在地上。

这是一场公平的竞争。鸟儿藏得隐蔽，猎人的行动也是不露声色。比比谁更聪明？谁更有耐心？谁的眼睛更敏锐？

不公平的游戏

除了公平竞争外，还有一种不公平的游戏。

猎人沿着小路，在繁茂的松树林里悄悄前行。"噗噗噗！"一群松鸡从他的眼前飞过。一只、两只……足足有十二只呢！可是猎人还没来得及举枪，这群松鸡就已经消失在浓密的树枝中。哎，算了，别白费力气寻找了，就算把眼睛瞪得再大，也休想再看见它们。

猎人并不泄气，眼睛一转，计上心来。他躲到小路旁的一棵松树后，从口袋里掏出一支口哨，坐在树桩上吹了起来。

此刻，小松鸡们正稳稳地坐在树枝上，藏得可严实了。妈妈说过，在它发出警报解除的信号之前，谁也不许动。

"哔哔！哔哔！"

这不就是妈妈的声音吗？意思是："危险过去了。"

一只小松鸡紧张不安地问道："哔哔？（我们可以飞走了吗？）"

"哔哔！"传来妈妈自信的回答，意思是："放心吧，快过来呀，我在这儿呢！"

于是小松鸡悄无声息地跳下树，竖起耳朵，倾听妈妈的声音。没错，就是妈妈的声音，再一听，是从小路那边传来的。太好了，找妈妈去咯。小松鸡兴奋地径直朝着声音的方向跑去。就在这时，"砰！"一声枪响，小松鸡应声倒地。

猎人又吹响了口哨，很快又有一只大意的小松鸡上当了。

打靶场

第六轮森林知识问答比赛

1、鱼的体重是多少？

2、菜园里的蜘蛛怎么知道有猎物落到了蜘蛛网上？

3、哪些野兽会飞？

4、白天小鸟发现了猫头鹰，它们会怎么做？

5、蜘蛛如何飞行？在什么时候飞行？

6、哪种成年昆虫没有嘴巴？

7、为什么雨燕和家燕在晴天里飞得高，在空气潮湿时飞得低？

8、为什么母鸡在下雨前会用嘴巴拨弄羽毛？

9、如何通过观察蚁丘来判断是否要下雨？

10、蜻蜓吃什么？

11、哪种可怕的猛禽喜欢吃悬钩子？

12、夏天哪些地方最适合观察鸟的痕迹？

森　林　报

（秋季第一月）　　　　太阳进入天秤宫

第七期内容提要

来自森林的特别报道：

　　羽毛艳丽的鸟儿不见了——水鸟群现——叶子变黄了——

　　最后一批野兔出生了——泥中小十字——谷物哪去了？

森林大事记：

　　林中大力士的决斗——游泳旅行——上路了

来自森林的第二次特别报道：

　　谁在泥中留下的小十字？——鹬和脚环——落叶

城市新闻：

　　一个胆大妄为的歹徒——午夜惊扰

来自森林的第三次特别报道：

　　寒冷的早晨——树儿要睡了——仓鼠——采蘑菇的事儿我

　　全忘了

狩猎新闻：

　　松鸡又上当了——好奇的大雁——一匹六条腿的马！——

　　战斗号角

打靶场：

　　第七轮森林知识问答比赛

候鸟告别月已经来到了。就像在春天里一样，我们又收到了来自森林的一封封电报：时时有新闻，天天有大事。

就像在候鸟返乡月时那样，鸟儿又开始了大迁徙。不过，这一次是从北方飞往南方。

来自森林的特别报道

■ 身着艳丽服装的鸣禽们全都消失了。它们是怎么启程的，我们并没有看见。因为，它们是在夜里飞走的。

鸟儿更喜欢在夜间里旅行——这样更为安全。在黑夜中，它们不会受到老鹰和其他猛禽的袭击；白天的时候，这些家伙会从森林里突然飞出来，或者在半路上等着它们。

■ 在海上长途飞行路线中，你可以看到一群一群的水鸟：野鸭呀、潜鸭呀、大雁呀，还有鸬鹚子，等等。这些长着翅膀的旅客们会在旅途中短暂停留下来，休整一下，而停留的地点恰恰是它们春天到过的地方。

■ 森林里的树叶渐渐地变黄了。

■ 兔妈妈又生下了三只小兔子。这是它们今年最后一窝小兔。我们管它们叫秋兔。

■ 夜里，在海湾沿岸的淤泥中留下了神秘的十字印记。泥地里尽是那些小圆点和十字印记。我们在海湾的岸上搭起了一个帐篷。我们想看一看这是谁留下的作品。

■ 田野里的玉米成熟了。这成熟的玉米棒被运往了两个方向——一个是村庄，一个是地下。搬进地下的正是那些老鼠和田鼠们。

森林大事记

林中大力士的决斗

傍晚时分，森林里传来了一阵低沉而短促的吼声。这时候，从密林里走出了一位森林中的大力士——长着犄角的大个子公麋鹿。它们用低沉的吼声向对手发出了正式挑战。

角斗士们在那片空地上相遇了。它们用蹄子刨着地，晃动着笨重的犄角，威慑着对方。它们的眼睛里布满了血丝，愤怒地冲向对方。它们低下了长有大犄角的脑袋，互相撞击，并发出劈裂声和嘎嘎声，犄角交结在一起。它们用巨大的身躯，猛烈地撞击着对方，拼命想扭断对手的脖子。

随后，它们分开了，顷刻间又冲了上去，时而把前身弯到地，时而又用后腿站立起来。它们都想用犄角将对方置于死地。

那笨重的犄角一撞击，就会传出轰隆轰隆的声音。在俄罗斯，人们都把这些公麋鹿叫做"犁角鹿"：它们的犄角又宽又大，就像耕田的犁一样。

有时候会出现这样的情况——一头公麋鹿战败后，急急忙忙地从战场上落荒而逃了；有时候，它被可怕的大犄角撞断了脖子，轰然倒在地上，死了。鲜血从撞断的脖子处汩汩流出。

这时候，震耳欲聋的吼声再一次响彻整个森林。那是犁角鹿在宣告自己的胜利！

在森林深处，一只没有犄角的母麋鹿在等待着它。公麋鹿——这场决斗的胜利者成了这片森林的主人。从现在开始，它不允许任何别的麋鹿进入它的领地，甚至连年轻的小麋鹿它也不愿意放过，只要一看见，就立刻把它们驱逐出去。

它那可怕的吼声响了起来，几英里之外都可以听得到。

游泳旅行

草地上，已经枯萎的草儿蔫头耷脑地伏在了地上。

秧鸡已经启程了，它要踏上遥远的旅途。在漫长的大洋飞行途中，出现了一群群潜水鸭和潜鸟。它们潜入水中，捕捉鱼儿，却很少展开翅膀，飞在空中。它们就这么游着，游着，游过了湖泊和海湾。它们甚至不需要像鸭子那样先抬起身子，再向水下扎猛子，它们的身子简直太适合潜泳了，只要把头这么一低，脚蹼儿用力地蹬一下，它就可以钻到水底深处。潜水鸭和潜鸟在水下简直是如鱼得水，有恃无恐。在水下，它们游得飞快，任何一种长有翅膀的猛禽都追不上它们，甚至连鱼儿也自叹不如。可是在空中，它们飞得比敏捷的猛禽慢得多。你想想，为什么它们要使用翅膀，把自己暴露在危险之中呢？所以，它们便一路游来，安全而自在。

上路了

每一天，每一夜，都会有一批长着翅膀的新旅客上路。它们一点儿都不着急，就这样慢条斯理地飞着。它们歇息的时间很长，这和春天的情形是不一样的。可以看出，它们还真的不愿意离开故乡呢！

它们离家的顺序跟春天来时正好是相反的：现在，第一批飞走的是那些色彩鲜艳的、花花绿绿的鸟儿，最后动身的是春天最先飞来的：燕雀、百灵、鸥鸟等。在很多鸟类中，年轻的小鸟儿飞在最前面；雌燕雀比雄燕雀先飞走。谁的身体最强壮、最能吃苦，谁就走在最后。

大多数鸟儿直接飞向南方——法国、意大利、地中海，甚至飞向非洲。还有一些鸟儿向东飞：经过乌拉尔，再经过西伯利亚，飞到印度去；有的甚至飞到美国。几千英里的路程，在它们的眼下只是一闪而过。

来自森林的第二次特别报道

■ 现在，我们知道，是谁在海湾沿岸的淤泥地上印上了这些小十字和小点子符号。

原来，这是涉禽干的好事儿！在遍布淤泥的小海湾，有它们的一家"小旅店"。它们有时会在这儿停下来休息，吃点东西。它们迈着大长腿，在这片柔软的淤泥上走来走去，这样就留下了许多三个分得很开的脚趾印。那些淤泥里的小点子，是它们用尖尖的长嘴插的：想吃午饭的时候，它们就会把那长嘴伸到淤泥里寻找可口的小虫子。

■ 我们捉到了一只鹳雀。它在我们家房顶上住了整整一个夏天。我们在它脚上套了一个很轻的铝制金属环。我们在环上刻了一行字：莫斯科，请通知鸟类研究会，A组第195号。随后，我们把它放飞了，让它带着脚环飞走。如果有人在它过冬的地方捉住它，我们就可以从报上知道，我们的鹳雀冬天住在哪里。

■ 森林中的树叶全部变了颜色，并开始纷纷地飘落。

城市新闻

一个胆大妄为的歹徒

在列宁格勒维洛夫斯基广场上，在光天化日之下，在所有行人的面前，一出胆大妄为的袭击好戏上演了。

一群鸽子刚刚从广场上飞了起来。与此同时，在维洛夫斯基大教堂的圆屋顶上，一只巨大的黑色猎鹰"呼"的一声飞了出来，向最边上的那只鸽子猛扑过去——眨眼之间，空中鸽毛乱舞。

行人看见那群受到惊吓的鸽子都慌慌张张地躲到一幢大房子的屋顶下面去了；而那只猎鹰，用脚爪抓住鸽子的尸体，慢悠悠地飞回了大教堂的穹顶上。

猎鹰飞往南方的必经之路正好通过我们城市的上空。这些强盗，喜欢把老巢建在教堂的圆形屋顶和钟楼上。因为这里居高临下，观察猎物就更为方便。

午夜惊扰

在城郊，几乎每天夜里，家禽都会受到惊扰。

院子里一片乱哄哄的，人们听见了，就从床上跳下来，把头伸到窗外去查看动静。怎么啦？出什么事儿啦？

在下面的院子里，家禽都在使劲儿扑扇着翅膀，鹅咯咯地叫着，鸭子

■上图：麋鹿妈妈是尽职尽责的好妈妈。

■下图：这两只小沙锥，从壳里出来才一天，就已经离开温暖的鸟巢，自己找幼虫吃去了。

■上图：猫妈妈和她的兔儿子。

■下图：鸽子刚刚从屋顶上飞起，隼便冲进鸽群，霎时间羽毛乱飞。

嘎嘎地闹着。是黄鼠狼进来袭击它们？还是狐狸悄悄地钻了进来？

可是，什么样的狐狸和黄鼠狼，能从铁门进来，钻到石头围墙里呢？

主人们仔细地检查了一遍院子，又看了看家禽窝，一切都正常，什么也没有。这么坚固的锁，这么结实的铁门和密实的铁丝网，谁也无法偷偷地钻进来的。也许只是家禽在做噩梦吧！你瞧，它们现在不是已经安静下来了吗？这家房屋主人躺到床上，放心地入睡了。

可是，一个小时过后，又传来了咯咯、嘎嘎的声音。又乱了，怎么回事儿呀？那儿又怎么了？

打开窗户，侧耳聆听。星星发出金色的光芒，在黑魆魆的夜空中一闪一闪的。一切又都静寂了下来。

快瞧，好像有一个模糊的影子从上面飞了过去。它们一个接着一个排着一字形长队，把天上星星的金色的"火光"都遮住了。你听，好像有一阵轻轻的、断断续续的啸叫声，从那边隐隐约约地传了过来。

院子里家鸭和家鹅一下子都醒了过来。这些早已忘记什么是自由的鸟儿，此时此刻却莫名其妙冲动起来，它们不停地扇着翅膀，踮着脚掌，伸长脖子，凄苦地叫着……

在高高的漆黑的夜空中，它们那自由的野生兄弟们正在呼唤着它们。在石头房子的上空，在铁房盖的上面，那些长着翅膀的旅行家，一群又一群地从它们的头顶上飞过，翅膀发出声音。野生的大雁和雪雁呼应着，叫喊着。

"咯咯咯！赶快飞吧！赶快飞吧！远离寒冷！远离饥饿！赶快飞吧！赶快飞吧！"

候鸟那响亮的召唤声在夜空中渐行渐远了，而那些在石头院里的家鸭和家鹅们却还在伤心地怀念着早已忘记的飞行。

它们在绝望中所发出的那微弱的叫声在夜空中经久不息。

来自森林的第三次特别报道

■ 寒冷的早晨来到了。

一些灌木丛已经开始落叶了，好像突然被剪子剪过了一样。在连绵的雨中，叶子纷纷从树上飘落下来。

蝴蝶、苍蝇和昆虫找地方躲藏起来了。

那些会鸣叫的候鸟们，急急忙忙地穿过一片片丛林和小树林：它们已经感觉到饥饿的滋味了。

只有画眉鸟从不抱怨肚子饿，它们成群结队地扑向了花楸浆果园里那熟透的浆果。

■ 寒风在光秃秃的森林里打着呼哨。树木都沉浸在甜美的睡梦中。森林里听不到任何歌声。

仓 鼠

■森林记者 玛利亚·巴拉舍娃

我们在挖土豆时，似乎有什么东西在地下呜呜地叫着。我们的狗儿跑了过来，蹲在那附近用鼻子嗅了起来，可那声音依然如故。这时候，我们的狗儿开始用它的前爪刨起了坑来。突然，它不停地狂叫起来，因为那小动物在继续发出呜呜的叫声。等到狗儿挖出了一个小坑，我们正好可以看到一个小动物的脑袋。

很快，我们的狗儿又挖出了一个更大的坑，把那个动物拽了出来。那个动物竟然咬了它一口，狗儿急忙把它甩了出去，冲着它愤怒地吼叫起来。

小兽的个头只有小猫那么大，略带灰色的皮毛中夹杂一些黄色、黑色和白色。这种动物其实就是仓鼠。

采蘑菇的事儿我全忘了*

■森林记者 别兹梅尼

9月3日，我和朋友们一块儿去树林里采蘑菇。在那儿，我吓跑了四只榛鸡。它们全身是灰色的，脖子非常的短。

随后，我看见了一条死蛇。它已经被晒得很干了，挂在了树墩上。树墩上有一个小洞，从那里传来了嘶嘶的叫声。我想，那应该是个蛇洞吧。想到这，我赶紧从那个可怕的地方跑开了。

后来，当我快走到沼泽地的时候，我看到了有生以来第一次看到的鸟儿：七只鹤从沼泽地上慢慢地升到了空中！在这之前，我还只是在学校的图书上看见过鹤。

大伙儿每人都采了满满一篮子蘑菇，可我一直在树林里乱跑。这里，到处都是飞往南方路过此地的鸟儿，我听到了它们的鸣啭。

在我回家的路上，一只野兔从路上跑过。它的全身都是灰色的，只有它前面的脖子和一条后脚是白的。

我绕开了那个有蛇洞的树墩。我们还看见许多大雁，它们飞过了我们的村庄，咯咯地大声叫着。

狩猎新闻

松鸡又上当了

　　秋天快到了，松鸡开始聚集成群。鸟群里有硬翅膀的黑色雄松鸡，有浅棕黄色带斑点的雌松鸡，也有出生不久的小松鸡。

　　这群松鸡吵吵闹闹地飞了下来，落到了浆果树丛里。

　　鸟儿在地上散开了。有的在啄食坚硬的红越橘；有的用脚爪刨开草丛，吞食着那些碎石和细沙——这些碎石和细沙能够促进消化，磨碎嗉囊和胃里较硬的食物。

　　沙沙，沙沙，沙沙……是谁的脚步声？在干枯的落叶堆上，走得那么急速！

　　松鸡们都抬起了头，一时警觉起来。

　　一条北极犬竖着两只尖尖的耳朵，在树林间一闪而过，向这边跑了过来。

　　一些松鸡很不情愿地飞上了树枝。一些躲到了草丛里。

　　北极犬在浆果树丛里乱跑乱闯，把所有的松鸡都吓得飞起来了，地上一只都没有了。

　　后来，它蹲到树底下，眼睛盯着一只松鸡，"汪汪"地叫了起来。

　　松鸡也张大眼睛瞪着它。没过多久，松鸡就在树上蹲腻了，于是，它开始在树枝上来来回回地走，时不时地回头看看北极犬。

　　真讨厌！坐在这儿干吗？为什么还不走呢？想吃东西吗？……快点儿

做自己的事儿去吧！那样又可以下去啄浆果吃了……

突然，枪声响了起来，一只松鸡落在地上，死了。原来，当它在那儿忙着看北极犬的时候，猎人已经悄悄地走了过来，悄悄地开了一枪。于是，它就从树上掉了下来。松鸡们扑棱着翅膀飞了起来，飞过森林的上空，向远离猎人的地方飞去了。林中空地和小树在下面闪过。躲到哪里去呢？这里是不是也藏着猎人？

在白桦树光秃秃的树冠上，蹲着几只黑色的松鸡，一共有三只。就是说，落在这里肯定是安全的。如果白桦林里有人，那三只黑松鸡是绝不会这样安安心心地蹲在这里的。

这一群松鸡越飞越低，最后吵吵嚷嚷地落在了树顶上。蹲在那儿的三只松鸡，一动也不动，就像个树墩一样，甚至连头都没朝它们转一转。新来的松鸡仔细地打量着它们。的确是松鸡——乌黑的羽毛，鲜红色的眉毛，翅膀上长着白斑，尾巴分叉，黑色的眼睛闪着亮光。

一切都很正常。

砰！砰！

怎么回事儿？哪儿来的枪声？为什么有两只新来的松鸡从树枝上摔下去了？

树顶上冒起一阵轻烟，很快就消散了。可是，这里的三只松鸡仍然像刚才那样，蹲在那里一动不动。新来的那群松鸡也蹲在那里，望着它们。下面一个人也没有，为什么要飞走呀？！

新来的松鸡转着脑袋看了看周围，就安下心来。

砰砰……

一只雄松鸡像一团泥似的掉到了地上；另外一只突然向树顶上空高高地跃起，窜到了空中，之后又摔了下来。松鸡群惊慌失措地从树上飞了起来，还没等到那只受伤的松鸡落到地上，它们就逃得无影无踪了。只有原

来那三只松鸡仍然蹲在那里，一动也不动地呆在树顶。

从一间隐蔽的帐篷里走出一个拿着枪的人。他捡起了猎物，然后把枪靠在树上，爬到白桦树上去了。

白桦树顶上松鸡的黑眼睛，若有所思地凝望着森林上空。黑色的眼睛一动不动，那是一种黑色的玻璃球。这些不动的松鸡是用黑绒布做成的。只有嘴，是真正的松鸡的嘴巴。哦，是的，还有那分叉的尾巴，也是用真正的羽毛做的。

猎人取下了一只假松鸡，从树上爬了下来，然后又爬上另一棵树上，取下了另外两只假松鸡。

在远处，那群受到惊吓的松鸡，正从一片森林的上空飞过。它们仔细地观察着每一棵树，每一丛灌木：新的危险会从哪儿来呀？哪儿才能躲开这些拿着猎枪的人类？你永远也无法预知，他会用什么法子来暗算你……

好奇的大雁

大雁的好奇心非常强。这是每个猎人都非常清楚的事儿，而且，他们也知道没有哪种鸟比大雁更为谨慎。

在距离河岸一公里的浅沙滩上，聚集着一群大雁。那里，走也走不过去，爬也爬不过去，乘车也过不去。大雁们把头藏在了翅膀下面，一只脚爪子缩起来：它们在那儿安安稳稳地睡起了大觉。

怕什么呢？这里有它们的哨兵在负责站岗放哨呢！在雁群的每一个方位，都站着一只老雁。它们既不睡觉，也不打盹，而是警惕地瞭望着四周。不信，你试试看。

岸上出现了一只小狗。那些负责警戒的老雁，立刻伸长了脖子望了过去：这只狗要做什么呀？

小狗在岸上跑来跑去，一会儿跑向这边，一会儿又跑到那边，好像在沙滩上捡着什么东西。它根本没有朝这些大雁瞅一眼。

没有什么可疑的地方。不过，有点儿奇怪的是，这只狗干吗一会儿前一会儿后的，在那里折腾什么呢？赶紧得走近一些，看清楚了才好……

一只负责警戒的大雁，摇摇晃晃地跳到了水里，向岸边游了过来。波浪轻轻地拍打着沙滩，又有三四只大雁被吵醒了。它们也看见了小狗，也向岸边游了过来。

游近了，这才看清楚：原来，从岸上的一块大石头后面，飞出许多面包团儿——一会儿往这边扔，一会儿往那边扔，面包团儿都掉到了沙滩上。小狗摇晃着尾巴，扑着面包团儿，一会跳到这一边，一会跳到那一边。

面包团儿是从哪儿来的呀？

几只大雁离岸边越来越近了。它们伸长了脖子，想看个清楚……这时，从石头后面突然跳出了一个猎人，一枪一个，击中了这几颗好奇者的脑袋——把它们全部击落到了水中。

一匹六条腿的马！

大雁们在田野里吃着东西。它们成群结队地在那儿尽情地吃着，负责警戒的大雁站在四周。它们不允许任何人接近它们，哪怕是一条狗，也不允许走到它们跟前。

远处，几匹马儿在田里悠闲地溜达着。大雁才不怕它们呢！众所周知，马儿是一种温和的食草动物，它们是不会来骚扰鸟儿的。

有一匹马，拣着地里剩下来的又短又硬的麦穗吃着，不知不觉离雁群越走越近了。不过，这也没什么。等它走到跟前的时候，再起飞也还来得及。

这匹马儿多么奇怪呀，它竟然有六条腿。真是个怪物！有四条是一般的马腿，还有两条腿竟然还穿着裤子。

负责警戒的大雁，发出了警报，咯咯咯地叫起来。大雁们都抬起头来。

马儿还在慢慢地走近。

警卫扇动着翅膀，飞过来侦察。

它从上面发现，一个人躲在马后面，手里还握着一把枪呢！

"咯咯咯！快逃呀！快逃呀！"侦察员发出催促大家逃跑的信号。

整群大雁一下子扑扇着翅膀，扑棱棱从地面上飞了起来。

猎人感到十分沮丧，在它们后面一连开了两枪。可是，太远了，霰弹已经打不到它们了。

雁群得救了。

战斗号角

每晚这时候，森林里都会传来麋鹿挑战的号角声。

"谁不想活了，就出来和我厮杀吧！"

一只老麋鹿从它那长满青苔的洞穴里站了起来。它宽阔的犄角带着十三个分叉，身长大约有两米，体重有四百多公斤。

谁敢向这位林中的无敌大力士挑战呢！

老麋鹿气势汹汹地赶过去应战。它那笨重的蹄子，深深地踩在湿漉漉的青苔上，把挡路的一棵小树都踩断了。

从对手那里，又传来了挑战的号角声。

老麋鹿用可怕的吼声回应着对手。这吼声可真吓人——琴鸡听到了，惊慌失措地从白桦树上飞走了；胆小的兔子也听到了，它吓得从地上一跳，拼命跑进了密林中。

"看谁敢……"

它眼睛里布满血丝，也不分辨道路，径直向着声音传出的地方冲了过来。

树林已经开始变得稀疏起来，前面出现了一片空地……啊！原来在这里呀。

它从树后飞一般向前冲去，想用犄角一下把敌人撞死，或者用沉重的身体把敌手给压死，用锐利的蹄子把敌手踩得稀巴烂。

直到枪声响起，老麋鹿这才看见，树后面那个端着枪的人腰里别着一个大喇叭。

老麋鹿拔腿往密林里逃去。它摇摇晃晃的，身体衰弱极了，伤口不断地流着血。

打靶场

第七轮森林知识问答比赛

1、按照日历计算，秋天是从哪一天开始的？

2、秋天落叶的时候，什么动物还在生小宝宝？

3、秋天里，什么树的叶子会变红？

4、农民在草地里的干草堆周围搭起一个栅栏，为的是防备什么动物？

5、这里画着两种不同的鸟儿印在烂泥地上的脚印。一种鸟儿生活在树上，另一种生活在地上。根据脚印判断，两种鸟儿生活在哪儿？

6、如果乌鸦围绕着一个地方呱呱大叫，那意味着什么？

7、一个好的猎人从不射杀雌琴鸡和雌松鸡，这是为什么？

8、这里画的是哪一种动物的前爪骨骼？

9、蝴蝶秋天里都藏到哪里去了？

10、太阳落山以后，猎人要去侦察野鸭，他的脸应该朝哪个方向？

森　林　报

内容提要

准备过冬：

储藏蔬菜——松鼠的晒台——活的储藏室——自己就是储藏室

森林大事记：

大伙儿都躲起来了！——狭路相逢——夏天又来了！——红胸小鸟——我们逮到了一只松鼠

城市新闻：

动物园——没有螺旋桨——过来看一看！——鳗鱼的最后旅行

狩猎新闻：

带着猎犬去打猎

打靶场：

第八轮森林知识问答比赛

准备过冬

森林中的每一位居民都在以自己的方式准备过冬。那些长着翅膀的都飞走了，它们要离开这个又冷又饿的地方；那些留下的都在忙碌着充实自己的粮仓，准备过冬的食物。

在上一期的《森林报》中，我们就报告说，田野里的谷物正在从田野里转移到地下。而对于这一项任务，短尾巴田鼠显得特别卖力。许多田鼠甚至在粮仓的下面就挖起了盗洞。每一个晚上，它们都要偷窃粮仓里的谷物。

根据观察，有五六条通道通向这个盗洞，每一条通道都有它自己的入口。地下有一个卧室，还有几个谷仓。

田鼠只是在严寒的冬天里才会睡觉，所以，它必须要有大量的粮食储备。据报道说，在某些洞里甚至可以发现多达十二磅的谷物！

储藏蔬菜

短耳朵的水鼠在整个夏天就生活在自己的乡村"别墅"里。这"别墅"就位于一条小河边。在那里，它拥有一间单独的地下起居室。地下室的出口通过一条蜿蜒曲折的过道，一直通到小河里。

现在，水鼠已经为自己准备了一间舒适而又暖和的冬季住所。这个住所位于一个离水较远的丘岗上。

地下出口和入口距离它的住处各有一百多步左右。这套住宅里有一间卧室，里面铺满了柔软

而暖和的干草，而卧室就建在那个最大的小丘的下方。

储藏室和卧室之间，由一条专用通道将它们连接起来。

储藏室里东西，像水鼠从田野和菜园里偷来的豌豆呀、蚕豆呀、葱头呀，还有马铃薯等等，全都分门别类，井然有序地摆放着。

松鼠的晒台

松鼠在树上筑起了几个圆圆的巢穴。它选择其中一个巢穴作为储藏室，把在林子里收集来的小坚果和球果摆放在里面。

除此之外，松鼠还采集了各种各样的蘑菇。它把蘑菇穿在了较短的冷杉树枝上晒干。到了冬天，它就可以在找不到食物的时候，跑到这些松树枝上，用这些干蘑菇来充饥。

活的储藏室

姬蜂给它的幼虫宝宝找到了一个神奇的食物储藏室。

姬蜂振动翅膀的速度很快。它的一双眼睛长在向上卷起来的触角下，非常敏锐。姬蜂还有一个非常纤细的腰肢，把它的胸部和腹部分成了上下两截；腹部下面的尾巴尖处，有一根又细又直的尾针，就像我们用来缝衣服的针似的。

夏天里，姬蜂找到了一条又肥又大的蝴蝶幼虫。它立刻扑了上去，把尾尖刺进幼虫的身体里，幼虫顿时晕了过去。于是，姬蜂在幼虫身上钻了一个小洞，并在这个小洞里产下了一个卵。

姬蜂飞走之后，蝴蝶幼虫很快就从惊吓中苏醒了过来，很快又开始若无其事地吃起了树叶。秋天来临的时候，幼虫结了茧，变成了蛹。

这时候，在蛹的里面，姬蜂的幼虫也从卵里孵化了出来。这只坚固的茧看起来又暖和又安全，而且里面的食物足够姬蜂幼虫吃上整整一个季度。

当夏天再次来临的时候，茧壳破开了。可是，从里面飞出来的并不是蝴蝶，而是一只身子又细又长、全身呈现黑、红、黄三种颜色的姬蜂。

自己就是储藏室

许多动物并不会特意给自己安排一个储藏室，因为它们本身就是一个储藏室。

在秋季这几个月里，它们所要做的就是吃饱肚子，使劲儿把自己吃得肥肥胖胖的。这就是它们眼下的任务。

布满全身的脂肪就是它们的储藏室。食物就在它们皮肤下的这层厚厚的脂肪里。脂肪就是它们用来过冬的资本。在动物们开始需要食物的时候，脂肪就会透过肠壁渗到血液中去。血液再把养料输送到身体各处，这样就可以保证它们不至于被饿死。

像狗熊呀，猪獾呀，蝙蝠呀，还有其他各种各样的动物，就是这样过冬的。它们让自己尽

量吃得饱饱的，然后整个冬天都在埋头睡大觉。

而且，这层厚厚的脂肪还可以让它们保暖，抵御外面的严寒。

大伙儿都躲起来了！

眼下，天气已经越来越冷了，池塘里的水也开始结冰了。

长着长长尾巴的蝾螈，很早就离开了池塘，爬进了森林里。然后，它就找到一个快要腐烂的树墩，钻进它的树根下，蜷缩着身体睡觉了。

青蛙却正好与它相反。它们从岸上跳进了池塘里，潜入池塘的底下，钻进了淤泥深处。蛇则钻到树根下面，盘着身体，身上还盖上了暖和的青苔。

眼下，饥饿的时候到来了！

蝙蝠藏在了树洞里，或者钻进墙壁的裂缝里，甚至是藏到了阁楼上。到了这个季节，没有任何东西可吃了——飞蛾、苍蝇和蚊虫都已经无影无踪了。

人们越来越难看到，大腹便便的猪獾从它那干净而暖和的地洞里走出来。

蚂蚁将它们地下王国的所有入口和出口全都封闭了。然后，它们就在这地下王国的最中间，也就是在最暖和的地方，挤在了一起，抱成一团。

鱼儿聚集在池塘的浅滩和水底下的深洞里。

其实，严寒倒并不是那么可怕，它只不过是一个前兆而已。当冬天真正到来的时候，大地和水面都将会被封锁起来。到了那个时候，我们又该去哪儿呢？

狭路相逢

森林里的短耳猫头鹰可以算得上是一个狡猾的小偷，可是，它自己竟被另一个更为狡猾的家伙给偷了。

单从外表上看，短耳猫头鹰和大猫头鹰（又称雕鸮）长得差不多，只是体积小了一号。它的嘴巴像个钩子似的，几撮羽毛在头上竖立起来，一双眼睛又大又圆。不管夜晚有多么黑暗，这双眼睛什么都能看得见，它的耳朵什么都能听得清。

老鼠在枯叶堆里刚刚发出窸窸窣窣的响动，短耳猫头鹰就已经近在眼前了。只听见"哧溜"一声，短耳猫头鹰猛扑过去，老鼠随即便命丧九泉了。这时候，一只兔儿在田野里一闪而过，这个夜间的强盗就飞到它的上空，又听见"哧溜"一声，短耳猫头鹰猛扑过去，兔儿挣扎了一下，便死在了它的一双利爪之下。

这种猫头鹰喜欢把死鼠拖回自己的树洞里去。这些死老鼠，它眼下暂时还用不着。可是，它也不愿意留给别人，就这样一直留着，等到雨天找不到东西的时候再来享用。

白天，短耳猫头鹰就待在树洞里，守候着自己储存的食物；夜晚，它便飞出去捕食猎物。它还经常在中途返回自己的树洞，查看一下自己所储藏的东西是否还在那里。

有一天，短耳猫头鹰突然注意到，自己储备的食物好像少了一点。作为一个好的管家，短耳猫头鹰只要瞄上一眼，它就能明白一切。尽管没人教它如何去数数，但它可以凭借着自己的眼睛盘算着食物的体积。

一天，当黑夜再次降临的时候，饿了一天的短耳猫头鹰像往常一样飞出去捕食。

等它回来一看，树洞里一只老鼠都没有了，只剩下一只长度和老鼠差不多的灰色小野兽趴在地上，用鼻子到处乱嗅。

短耳猫头鹰试图猛扑过去，想用爪子抓住那只小野兽，可是，小野兽早已快速蹿过树洞底下的一条裂缝，飞也似的跑远了。你瞧，它嘴里竟然还叼着一只小老鼠呢！

短耳猫头鹰紧追了过去，差不多要追上了，可是，它定睛一瞧，便立刻决定放弃与敌人争夺老鼠的想法。原来，这个小偷竟是一只异常狡猾的家伙——黄鼠狼。

黄鼠狼也是一个专靠劫掠为生的动物。虽说，它的体型看起来并不大，可它灵巧而且胆大。所以，连短耳猫头鹰它也没放在眼里。要是它一口咬住了这猫头鹰，猫头鹰就算有再大的力气也别想挣脱了。

夏天又来了！

这里的天气真是奇怪！在寒潮侵袭，刺骨的寒风肆掠之后，太阳竟出人意料地出现了，而且在接下来的几天里风和日丽，天气也变得暖和起来，使人们恍然感觉夏天好像又突然回来了。

在草丛下面，黄澄澄的蒲公英和樱草花探出了头来。蝴蝶在空中轻盈地飞舞；蚊子在周围来回盘旋。不知打哪儿飞来一只小巧玲珑的鹡鸰，它翘起了尾巴，欢快地唱起了歌。歌声是那么热情，那么嘹亮！

从那棵高大的冷杉树上，传来了柳莺柔婉、悦耳的歌声，那声音听起来是那样清脆轻灵，就好像是雨滴轻声敲打着水面。

此情此景，很难让人相信，冬天很快就要来了。

红胸小鸟*

■森林记者 G.奥斯坦宁

一个夏天，在经过森林时，我听见茂密的草丛里好像有个什么东西在走动。我先是吓了一大跳，接着，我慢慢地缓过神来，开始仔细地观察我的周围。这时候，我看见一只小鸟被草丛里的青草绊住了脚，出不来了。这只小鸟个儿不大，身上长着灰色的羽毛，只有胸脯是红色的。我不费吹灰之力就抓住了它，高兴地把它带回了家。

到家后，我给它喂了点面包屑吃。它啄食着面包屑，似乎一下子来了精神。我又给它做了个笼子，每天捉来小虫子喂它。就这样，它在我的家里住了整整一个秋天。

可是不久，不幸的事发生了。有一次，一个朋友来我家拜访，我出去陪了他一会儿。想必是我忘了把笼子的门关好，我家的老猫竟然钻了进去，把我的鸟儿吃掉了。

我非常喜欢这只小鸟，甚至为此还大哭了一场。可是除此之外，我还能做什么呢？

我们逮到了一只松鼠*

■森林记者 斯米尔诺夫

松鼠每年都在操心一件事：夏天要不停地积攒粮食，留到冬天里享用。

我曾经亲眼看见：一只松鼠从云杉树上摘下了一个松果，把它拖到洞里去了。我在这棵树上留下了一个记号。后来，我们把这棵树砍倒了，并把松鼠掏了出来，在树洞里发现了很多这样的松果。我们把那只松鼠带回了家，养在笼子里。一个小男孩把手指头伸了进去，结果被松鼠狠狠地咬了一口，咬得皮开肉绽。多么厉害的松鼠啊！我们给它带来许多云杉松果，它非常喜欢吃。不过，它最喜欢吃的还是榛子和胡桃这样的坚果。

城市新闻

动 物 园

飞禽走兽从它们夏天的栖息地转移到了它们的过冬场所。它们的笼子里非常暖和。所以，动物园的动物没有哪个想冬眠（整个冬天睡大觉）。

动物园里的鸟儿并不迁徙，它们只是在某一天从一个寒冷的地方被转移到温暖的地方。

没有螺旋桨

前几天，有几个奇怪的小飞机在城市的上空飞翔。

人们站在大街中间，伸长了脖子，惊奇地盯着飞机在空中慢慢地盘旋，进行特技表演。

"你看到了吗？"他们彼此询问。

"当然看到了。可我们怎么听不到螺旋桨的声音呢？"

"也许是太高了吧，所以，我们看不见它们。"

"可是在低空飞行时，我们也听不到任何声音呀！"

"怎么会没有呢？"

"因为它们没有安装任何螺旋桨。"

"没有任何螺旋桨？这是一种新型飞机？它们叫什么名字来着？"

"老鹰。"

"老鹰？在列宁格勒的上空飞翔？"

"是的，老鹰。金色的老鹰。它们在飞往南方。"

"哦，对了！这下我看见了，它们是飞鸟。要不是你告诉我呀，我还真以为它们是飞机呢。它们简直就像飞机一样，怪不得，我半天也没见它们扑闪过一下翅膀呢。"

过来看一看！

我们看见种类和颜色都难得一见的各种野鸭子聚集在涅瓦河上。有些野鸭像乌鸦一样的漆黑；有些野鸭的嘴上长有一个隆起物，翅膀上布满了白色的斑点，煞是好看；有些野鸭颜色非常鲜艳，尾巴就像一辆车子的轮

辐一样。

城市的道路上车轮滚滚，有轨电车发出叮当的响声，工厂里不停地发出机器的轰鸣声，还有城市的其他噪声……凡此种种丝毫都没有惊扰到它们。

当黑色拖船的铁船头劈开水面，从野鸭的中间驶过时，它们甚至一点都不怕。它们只是潜入水中，然后在距离原处不远的地方又露出水面。

这些鸭子是沿着"大洋之路"一路游来的潜水鸭。它们每年都要来列宁格勒拜访我们，春天和秋天各有一次。

一旦来自拉多加湖的冰流到了涅瓦河上，它们就该离开这里了。

鳗鱼的最后旅行

现在，不仅是陆地上已进入了秋天，就连在水上，我们也看到了秋天的足迹。

河水一天一天地变冷了。老鳗鱼们开始了它们的最后一次旅程。

它们离开了流经芬兰湾的涅瓦河，穿过波罗的海和北海，一直回游到大西洋深处。

它们再也不会回到那条它们呆了一辈子的河流。它们将会在这几千英尺的海洋深处为自己找到一座葬身之地。

然而，在死亡之前，它们会产下大量的卵。在那里，在海洋深处，海水的温度并不像人们所想象的那么寒冷。其实，那里是挺暖和的——要是用温度计测量的话，大概是摄氏四十五度左右。

每一个鳗鱼卵中，都有一个小小的半透明的柳叶状幼体，它们很快就会破壳而出。再过三年时间，它们就会进入涅瓦河。在那里，它们将成长为一条条真正的鳗鱼。

狩猎新闻

带着猎犬去打猎

在一个凉爽怡人的秋日早晨，猎人肩上扛着猎枪走进了广袤的田野。

他用短的皮带牵了两条猎犬。猎犬长得非常壮实，胸脯宽阔而肥厚，深色的皮毛上点缀了赤褐色的斑点。到达一处杂树林，猎人松开了猎犬的皮带。两只猎犬飞快地跑开了，用鼻子在灌木丛中到处嗅探着。

猎人待在了这片森林的外面，他在寻找一个有利的藏身之处。最后，他选定了灌木丛对面的一个树桩后面。在这里，一条隐约可辨的小径从林中蜿蜒而出，然后通向一条小沟壑。还没等他占好位置，猎犬就发现了线索。

那只老猎犬首先吠叫了起来，猎人听到了它那粗哑的叫声。随后，小猎犬也跟着尖叫了起来。听到它们的叫声，猎人便知道它们发现了一只野兔。眼下，两只猎犬在秋日雨后那松软的黑土上追逐着猎物。野兔总是喜欢绕着圈子奔跑，它们的叫声时远时近。过了一会儿，犬吠声越来越近了，猎犬将那只野兔赶到了猎人这边。

哦，简直太笨了！你瞧，只见野兔那灰色身影在沟壑里一跃而过，而猎人竟然没有注意到！

这时候，猎犬过来了！老猎犬跑在前面，跟在它后面的是那只伸着舌头的小猎犬。它们也跟着野兔跳进了那条沟壑。

其实也不用担心，它们会把野兔重新赶到这片林中。老猎犬从来不会放弃任何一个线索，直到猎物被捕获为止。这样的猎犬，真棒！

在那里，它们追了一圈又一圈，后来又从沟壑追到了森林中。

"那只野兔肯定还会跑回来的。"猎人心想。"这一次，我倒要看一看，你会不会从我的眼皮下逃掉。"

嗨，怎么啦？为什么它们在不同的方向叫唤呢？眼下，老猎犬已经完全停下了脚步，只有那只小猎犬还在叫，可转眼过后，它也不叫了。

过了一会儿，那只老猎犬又吠叫了起来。但这一次，它的叫声有所不同。由于兴奋，它的叫声显得更为热切，嘶哑。而小猎犬跟在它的后面尖声地叫着。

这时候，猎犬发现了另一个线索。可这一次又是什么呢？好像不是一只野兔。是一只狐狸？

猎人迅速换下原来的弹药筒，装上了他所带的最大的铅砂弹。这时候，那只野兔顺着那条小径跑了出来，奔向野外。猎人看见了野兔，但他并没有举起手中的猎枪。

这时，猎犬又从林中跑了出来，它们越来越近，一边跑一边还发出短促的狂吠声。突然，从猎人的正对面，就在野兔刚才经过的小径上，一只背部火红色，胸部白色的……

猎人赶紧举起了猎枪。那只野兽看见了他，把它的浓密的尾巴朝一边一甩，转身朝相反的方向奔去。

可是已经太晚了！

"砰！"

只见火光在空中一闪，狐狸应声倒下，四脚八叉地躺在地上，死了。

猎犬跳出了林子，准备对这具狐狸的尸体动口。它们的尖利牙齿陷入狐狸那色泽红润的毛皮中，再过一分钟，它们就会把它撕成碎片。

"回来！"猎人厉声吼道，并赶紧跑了过去，从猎犬的嘴下夺下了这一个珍贵的猎物。

打靶场

第八轮森林知识问答比赛

1、兔子在上山和下山时，哪一个感到更轻松一点？

2、落叶暴露了鸟儿的什么秘密？

3、哪个森林居民在树上晒蘑菇？

4、什么动物夏天生活在水里，冬天生活在陆地上？

5、鸟儿要为冬天储备食物吗？

6、蚂蚁是如何准备过冬的？

7、鸟的骨头里有什么？

8、秋天里，猎人打猎时最好穿什么颜色的衣服？

9、在什么季节，猎人很难伤着一只鸟儿，秋季还是冬季？

10、图中画的是哪个动物可怕的脑袋？

11、蜘蛛是昆虫吗？

12、青蛙在冬天里藏到哪去了？

13、这里有三种不同鸟的腿：一种生活在树上，另一种生活在陆地，第三种生活在水中。哪一种腿属于生活在树上的鸟儿，哪一种腿属于生活在陆地上的鸟儿，哪一种腿又属于生活在水中的鸟儿？

14、什么样的动物长有外翻和上翻的爪子？

15、这里有一张长耳猫头鹰的图片，它的耳朵哪去了？

森 林 报

（秋天第三月）　　　　　　　　太阳进入射手宫

第九期内容提要

静寂的森林：

　　会飞的花儿——来自遥远的北方——来自东方——睡眠时间

森林大事记：

　　松貂追逐松鼠——狡猾的兔子——看不见的不速之客——啄木鸟的铁匠铺

城市新闻：

　　瓦西里岛区的乌鸦和穴鸟大聚会——侦察兵——我们的鸟类朋友在国外的遭遇

狩猎新闻：

　　捕猎松鼠——带着斧头去打猎——追踪松貂

打靶场：

　　第九轮森林知识问答比赛

静寂的森林

刺骨的寒风掠过森林。白桦树、白杨树和柳树那光秃秃的枝条在风中痛苦地呻吟着。最后一个鸟类部落匆匆地离开这片熟悉的地方。

我们的夏候鸟还没有全部飞走，可我们的一些冬天的贵客已经来到了。

每一种鸟儿都有它自己的嗜好，也有它自己的过冬方式：一些鸟儿在高加索、意大利、埃及或印度过冬，其它鸟儿则喜欢在列宁格勒州过冬。我们的气候对它们来说已经够暖和的了，我们的土地为它们提供了足够的食粮。

会飞的花儿

赤杨树那光秃秃的枝条可怜巴巴地伸展着。枝条上没有了一片叶子，树脚下连一根杂草也没有了！疲惫的太阳几乎被厚厚的云彩遮得严严实实的。

突然间，太阳出来了。它照亮了赤杨树光秃秃的枝条上那些鲜艳的花朵。那花朵硕大，色彩艳丽——白色、红色、绿色和金色相映成趣。

在赤杨树的黑色枝条上，在白桦树的白色树皮上，在树底下的地面上，还有树周围的空中，到处都点缀着鲜艳的色彩和舞动着的翅膀。

空中再一次响起了鸟儿悠扬的鸣叫声。它们从地上跳到了枝头，从一棵树跳到了另一棵树，从一个灌木丛又跳到另一个灌木丛。

它们是谁，它们又来自何方？

来自遥远的北方

这是我们冬天来的贵客——来自遥远北方的小小鸣禽：有红胸红冠的朱雀呀，有小不点的朱顶雀呀，有淡褐色的朱缘蜡翅鸟，小松雀呀，还有一身红色的交嘴鸟。其中还有金色绿色相见的金丝雀、翅膀金黄的金翅雀以及又圆又胖的红腹灰雀。我们本地的朱雀、红腹灰雀和金丝雀早已飞到南方去了。这些新来的贵客虽然巢在北方，可那里冰天雪地。相比这下，我们这里的气候对它们来说还算是挺温和的呢！

金丝雀和朱雀啄食着白桦树和赤杨树上的种子，而朱缘蜡翅鸟和红腹灰雀吃的是花楸树上的浆果。交嘴鸟最喜欢吃松树和冷杉树的果子。在这里，它们要吃的这些果子应有尽有，取之不尽。

来自东方

低矮的柳树林中突然点缀了一朵朵盛开的玫瑰。可是，这些"玫瑰"竟然动起来了：从一个枝条移到了另一个枝条，并围绕着一个枝条转了一圈又一圈，看得人头晕目眩。它们还用黑色的钩状爪子快速地移动着它们那干瘦的双腿。

它们扑闪着白色的花瓣似的翅膀。这时候，空中响起了一曲轻快悦耳的鸟鸣。

这些看似玫瑰的鸟儿是白色的大山雀。它们不是来自北方，而是来自东方。它们越过乌拉尔

山脉，从广袤的西伯利亚冰原来到了这里。那里的冬季寒冷而又

漫长，低矮的灌木丛早已埋在了厚厚的雪堆中。

睡眠时间

一片厚厚的乌云遮住了太阳。栖息在灌木和树木上那些鲜艳的"花儿"已经不见了踪影。悦耳的嗓音一下子沉默了。森林里正下着一场蒙蒙细雨。所有的鸟儿都躲藏起来了。

圆圆胖胖的猪獾气呼呼地退到了它的洞里。此时此刻，它心怀不满，森林里又湿又脏。现在该到挖地三尺的时候了。它要挖出一个干燥、干净的沙质地洞来。眼下这季节，该是它蜷缩身子，好好睡一觉的时候了。那只小小的森林乌鸦——西伯利亚星鸦——开始在灌木丛中打起架来。一片湿漉漉的咖啡色羽毛不

时在灌木丛中闪闪发光。它们那震耳欲聋的呱呱声此起彼伏，不绝于耳。

一只老渡鸦站在树顶上，呱呱地叫了起来：它已经看到了远处的腐尸。它扑扇着蓝黑相间的翅膀，"嗖"的一声，向远处飞去。

森林里一片寂静。灰白色的雪花无声地飘落着，黑色的树枝和褐色的泥土上堆积了一层厚厚的雪。落叶已经开始腐烂了。

雪越下越大，越积越深。这时的雪变得非常的白净，覆盖着黑色的树枝和褐色的泥土……

森林大事记

松貂追逐松鼠

一群松鼠来到了我们的森林里。它们来自北方，那里的松果近来收成一直不好。

松鼠生来就离不开松树。它们立在树枝上，用后脚紧抓住枝干，用它的前爪握着松果，再用嘴巴去啃食。

一只松鼠一不小心将一颗松果落到了下面的雪地上。这让松鼠简直无法容忍。它愤怒地用舌头吧嗒了一下，便从一个树枝跳到了下面的一个树枝上。

只见松鼠屈起前腿，绷紧它的后腿，一个跳跃便越过了地面。

可是，在落下的几个细树枝中，它看到了一簇深色皮毛的……松鼠一下子把那一颗松果全忘掉了。它跳到了最近的另一棵树下，并迅速爬上了树干。可松貂像一条闪电似的追了上去。松鼠已经跑到了树枝的末端。松貂紧追着它，可松鼠一个飞跃，跳到了另一棵树上。这时候，松貂将蛇一样的狭长身体缩成一团，弓着腰，一个纵身也跟着跳了上去。

松鼠又跑上了树干，松貂紧随其后。松鼠反应迅速，可松貂的速度更快。

松鼠跑到了树尖上，它已经走投无路了。近处也没有别的树木，否则，它会不顾一切地跳过去。松貂离它已经越来越近了。

在松貂的穷追之下，松鼠开始从一个枝头跳到另一个枝头。

松鼠退守到树稍上，而松貂呢，它就蹲守在靠近树干的那条粗树枝上。一个跳跃，再跳，再一跳，松鼠跳到了最低的那条树枝上。

下方是地，上面是松貂。别无选择——松鼠一个跳跃落到了地上，并一个疯狂冲刺，跳到离它最近的那棵树上。

可到了地上，松鼠决不是松貂的对手。只跳跃了三下，松貂就抓住了它，并用它的前爪将松鼠打翻在地。它那凶狠的牙齿无情地刺入松鼠的脖子。再见了，可怜的松鼠……

狡猾的兔子

夜晚，灰兔悄悄地来到了果园里。到了早晨，它已经将两棵苹果树的树皮全都给啃掉了：小苹果树的那层皮儿吃起来真是美味可口哟！此时此刻，兔子根本就没有注意到雪花一直在它的头上飘着，它在不停地啃着，咀嚼着，啃着，咀嚼着。

村庄里，公鸡叫了一遍、二遍，紧接着又叫到了三遍。一只狗叫了起来。

野兔启程了，现在该是前往森林的时候了，那儿非常安全。要不然，等到大地万物苏醒过来，那就晚了。这里的一切都变成了白色；兔子的灰色皮毛从远处就可以看得见，而白色的兔子就幸运一些。眼下，它已经变得一身全白了。

柔软的雪花下了整整一夜。兔子在地面上留下了自己的脚印。它的后腿留下的是长脚印，而它的前腿留下的是圆圆的小爪印。野兔每抓一下，每扒一下，雪地上都会清晰地留下它的印迹。

野兔越过田野，跑进了森林，在它的身后留下了长长的足迹。本来

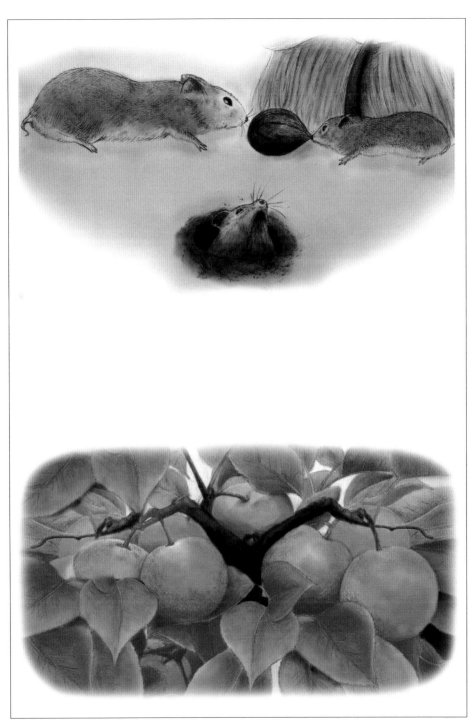

■上图：短尾巴田鼠忙着充实自己的粮仓，准备着过冬的食物。

■下图：冬天快到了，森林中的浆果已经没剩多少了。

■上图：狼在灌木林中观察着獐鹿。　　■下图：树木那光秃秃的枝条在寒风中痛苦地呻吟着。

嘛，它们可以蜷缩在一棵灌木下打一个小时的盹，昨晚吃了一个通宵，实在是太累了！可它担心，无论在哪儿掩藏行迹，最终都会暴露自己。

于是，它决定略施一计。

此时此刻，村民们已经醒来了。果园的主人发现，他的两棵最好的苹果树的皮被啃成了这种惨状。再往雪地上一看，他什么都明白了——树的周围到处都是野兔的脚印。他挥舞着拳头，发誓说：你等着瞧吧！你剥了我的果树皮，我要剥了你的皮！

果园的主人回到了小棚屋，扛起猎枪走了出去。他循着雪地上的足迹一路跟踪追击。

他找到了野兔跳跃栅栏的地方。在这里，它加快了步伐，穿过了那片开阔地。在森林中，那足迹开始原地打转。兔崽子，你想来蒙我，办不到！我要把你给弄出来。

在这里，他遇到了兔子留下的第一个圈子：野兔围着那片灌木丛又兜了一个圈子，打乱了它的行迹，让人不辨去向。

接着，他又遇到了第二个圈子。猎人紧随其后；他已经解开了两个圈子。他的枪已经装上了子弹。嗨，怎么回事？踪迹一下子断了，而周围全是没有一丝儿行迹的雪地。如果野兔跳了过去，猎人自然就会发现它的踪迹。

猎人看了另一眼。哦，又跟我耍了一计！野兔转过身，在它自己的足迹上又踩了一道。它非常麻利地把爪子放在原来的足迹上，起初，人们很难看出这种双行脚印。

猎人又循着那足迹走了回来。他走着，走着，又回到了田野。这么看来，他肯定是错过了什么线索：这兔子一直玩弄一些新花样。

他转过身，回到了那双行脚印开始出现的地方。找到了！双行脚印很快便到了尽头，随之便又变成了一串单行脚印。这意味着，这就是野兔跳跃的地方。

这时候，猎人一切都明白了。他跳过一片灌木丛，朝另一个方向走去。踪迹再一次清晰出现在他的眼前。过了一会儿，脚印又断了，接着又是双行脚印。然后又蹦蹦跳跳越过灌木丛。

到了这个时候，猎人必须睁大自己的眼睛，密切注视。他又跳过灌木丛。那只野兔肯定蜷缩在哪个灌木丛下。这一次，我非要把你找出来不可！

野兔其实已经离他很近了。但它并不是睡在了灌木丛下。它蜷缩着身子睡着了，不过，它睡在了一堆飘落的枝叶下面。

即使在冥冥熟睡状态，它也听到了猎人的脚步声越来越近了。它竖起了脑袋，辨别出穿着毛毡靴的猎人的脚步声。黑色枪口已经对准了下面。

野兔小心地在窝里蠕动了一下，然后"嗖"的一声，一眨眼便跑进了灌木丛中。只看见它的一截尾巴在灌木丛中一闪而过。随后便不见踪影了。

猎人望着猎物的影子，郁郁不乐地回到了家。

看不见的不速之客

另一个夜袭者来到了我们的森林里。它很难被人们发现：夜晚，它的颜色灰暗不清；白天，它在雪地中看不见。这个夜袭者来自北极地区，所以呈现的是北极永恒的雪白色。我们称之为白色极地猫头鹰。

它与大雕差不多大小，也和大雕差不多强壮。它的食物丰富多彩：从天上飞的大大小小的鸟儿到地上跑的老鼠、松鼠，还有野兔。

广袤的冰原上非常寒冷。在那里，所有小动物们都藏进了洞里，鸟儿也全都飞走了。

在饥寒交迫之下，这只白色的猫头鹰只好离乡背井，来到了我们的家园。它将会留在这里，一直等到春暖花开时节。

啄木鸟的铁匠铺*

■森林记者 L.库布赖尔

在我们的蔬菜地对面有一片杂树林。这里生长着一些老的水曲柳和白桦树，还有一棵非常古老的冷杉树。你瞧，上面还有几个松果挂在冷杉树上。不久，一只斑点啄木鸟闻讯赶来了。它站在一条树枝上，用它那长嘴巴啄下了一颗松果，然后跑上树干，将嘴里的松果放进了裂缝中，用它那坚硬的嘴敲打着松果。取出里面的所有种子后，啄木鸟又将松果从树缝中敲了出来，然后又飞过去，摘下了另一颗松果。它将第二颗松果放进了同一个裂缝中，随后一下接一下敲击，取出里面的种子。直到夜幕降临。

城市新闻

瓦西里岛区的乌鸦和穴鸟大聚会

涅瓦河完全被封冻了。眼下，每天下午四点钟，瓦西里岛区的乌鸦和穴鸟都要在桥下的冰面上举行一次大聚会。它们要讨论眼前所面临的一些问题：食物问题、居住问题，如此等等。

经过一番喋喋不休的争吵之后，鸟儿聚到了一堆，然后飞向瓦西里岛公园和花园里的栖息之所。每个鸟群都在它们特别喜欢的花园里过夜。

侦察兵

城市公园和花园里的灌木和树木需要精心的看护。这些树儿有它们的天敌，有些天敌连人类都很难对付。这些天敌的个头很小，狡猾而且颜色灰暗，公园管理员往往并不注意它们。在这里，就需要一些专门的侦察兵。

有时候，我们可以看到这些侦察兵在我们公园里忙碌着。它们的领头者就是长着斑点羽毛、戴着条带帽子的啄木鸟。它有一个类似凿子的长嘴巴。有了这个长嘴巴，它就能够在树干或树枝上打出一个个小孔来，然后以一声嘹亮的跳音发出自己的命令：侦查！侦查！

在此之后，各种山雀们纷纷聚集过来：有戴着尖尖高帽子的冠毛山雀，有看起来像是短短的大头钉似的大山雀，还有面黑如炭的煤山雀。随后，穿着鲜艳制服的各种小鸟也闻讯赶来了。

啄木鸟发出命令：侦查！五子雀重复了一遍：啾——啾！山雀又跟着传令：啾——啾！一时间，整个护林队伍投入了战斗。

侦察兵们迅速在树干和树枝上各就各位。啄木鸟用坚硬的长嘴巴啄开了树皮，然后将它那强健有力的尖舌头伸进孔中，掏出里面的昆虫。

五子雀爬上了树干，时而头朝上，时而又头朝下，将它那像矛一样锐利的长嘴巴插入树皮的裂缝中。只要它们发现哪儿有危害树木的昆虫或幼虫，它们就飞到哪儿。整个护林队伍对每个洞、每条缝都要一一清查，甚至一个小得不起眼的害虫的幼仔也逃不过它们那非常敏锐的眼睛，逃不过它们具有穿透力的嘴巴。

"侦查！"啄木鸟叫道，整个队伍欢天喜地地飞到了下一片树林中。

就这样，侦察兵检查完所有的花园和公园。树木已经安详地睡着了，它们甚至还不知道，有一群长着羽毛的朋友在精心地照料着它们。

我们的鸟类朋友在国外的遭遇

从意大利传来了消息，云雀、莺、夜莺和其它有名的鸣禽已经成批成批地到达了那里。

漫长的旅程，还有旅程中的风风雨雨早已使它们精疲力竭了。它们需要好好地休息休息，然后重新振作精神，开始再次踏上旅程。这是它们整个旅程中最为艰难的飞行：跨越浩瀚的地中海，从意大利飞往遥远的非洲。

可是，意大利人又是如何对待这些疲惫不堪的匆匆过客呢？他们无情地把我们的鸟类朋友一个一个地捕捉起来，然后杀死这些小小的精疲力竭的过客。这些可怜的鸟儿落入了一张张为它们准备的无情的大网中。

这些小小的，为我们尽情歌唱的鸟儿在剥了皮之后，被送到了意大利的那些餐馆。到了餐馆之后，厨师们便用它们来烹制风味独特的佳肴，做成那些锦衣玉食的富人们最心动的食物。

狩猎新闻

冬天里，长有皮毛的小动物们成为人类狩猎的目标。到了这个时候，它们已经换下了轻快凉爽的夏装，穿上了温暖的毛绒绒的冬装。

捕猎松鼠

松鼠是一种小型动物，可是对于我们的猎人来说，它却是一种非常重要的猎物。

每一年，我们都会有成千上万包松鼠的尾巴发往国外。毛绒绒的松鼠尾巴被制成了非常暖和的帽子、围脖和其它保暖用品。

松鼠皮一般要单独发运。我们每年都要出口几百万张松鼠皮。各种皮毛大衣和披肩都是用松鼠的皮毛制成的。

第一场雪下过之后，猎人们一般都会去捕猎松鼠。在松鼠众多的地方，买卖松鼠有着丰厚的利润，甚至连老年人和十二岁的少年也去参加捕猎。

猎人一般都要在森林中待上几个星期。有时候，他们结伴而行；有时候，他们又各自为阵。从早晨到夜晚，他们乘坐着又短又宽的雪橇在森林里游荡，捕猎松鼠，并为松鼠设置一些诱捕器。他们在篝火上野炊，在白雪覆盖的茅草棚里过夜。

松鼠捕猎者的最好朋友是雪橇狗。只要松鼠上了树,它就不怕猎犬,而是静静地坐在树枝上。

雪橇狗穿过森林,不停地寻找着猎物,直到它发现松鼠为止。找到猎物之后,它就坐在那棵树下,等待着主人的到来。

用猎枪打死一只松鼠非常容易。但松鼠的捕猎者必须要小心翼翼,将枪口对准松鼠的脑袋,这样就不会损伤松鼠身上的毛皮。冬天里,松鼠会毫不畏惧地挤压它的伤口;所以,你一定要当场把它打死。否则,它就会藏身于茂密的松林里,到那时,你再想捕捉到它,就是痴心妄想了。

松鼠也可以用诱捕器来捕杀:在两棵树的树干之间装上两块短而厚实的木板;用一根细木棍支起上面的木板,不让它落到下面的木板上。木棍的一端穿上某种香味非常浓烈的诱饵——油炸蘑菇或烟熏鱼。松鼠只要一碰到诱饵,上面的木板就会落到小动物身上,把它砸死。

如果积雪不是太深,猎人们整个冬天都可以出去捕猎松鼠。春天里,松鼠会出现脱毛现象。随后,它的皮毛一直维持不变,一直到了晚秋才开始生长。到了那个时候,它又会重新穿上毛绒绒的冬装。

带着斧头去打猎

捕捉皮毛动物的猎人往往需要随身携带一把斧头,其重要性不亚于一支猎枪。

猎犬能够嗅出洞里的臭鼬、紫貂、黄鼠狼或水獭。但是,猎人必须想办法让这些猎物出洞。然而,要想把这些狡猾的家伙从洞里弄出来还真的需要挖空心思,费一番周折。

这些动物挖洞的地方多得很:地下、石头堆下,甚至是在大树根下。

当它们意识到危险即将来临的时候，它们会呆在自己的藏身之所，打死都不会出来。猎人必须一块一块地将上面的石头搬开，或者用带来的斧头将坚硬的树根劈开，打碎上面的冻土，有时候，甚至还要用烟熏火燎的方法将动物赶出洞。

这时候，它不得不跑出洞来，然后拼命地逃跑。它跑得好快啊！不过，它是跑不了的，猎犬是不会放过它的。

追踪松貂

在狩猎中，最难的要算是追踪松貂。找到它吃过小野兽或鸟儿的地方其实并不怎么困难，因为雪地上留下了一片片血迹。可是，要找到它们在美餐之后的藏身之所，猎人还真的需要练就一副敏锐的眼光。

据猎人们讲，松貂跑起路来几乎是脚不点地。它们就像松鼠一样，从一个枝头跳到另一个枝头，从一棵树跳到另一棵树。不过，它还是会留下一丝踪迹：细枝条、松果、在它醒来后被它的爪子抓掉的一点树皮。有了这些线索，经验丰富的猎人就能够说出松貂的"空中走廊"。有时候，这条走廊很长，有几个英里。猎人必须密切关注，不能丢了这些踪迹。

打靶场

第九轮森林知识问答比赛

1、小龙虾在哪里过冬？

2、冬天里，哪一种情形是鸟儿最难受的，寒冷还是饥饿？

3、当野兔的颜色变化推迟时，它所迎来的将是一个晚冬，还是早冬？

4、啄木鸟的铁匠铺是什么意思？

5、乌鸦在秋季和冬季睡在什么地方？

6、在秋季和冬季，啄木鸟与什么鸟儿作伴？

7、夜晚，猫眼睛的颜色与在白天是一样的吗？

8、什么动物在冬天里除了尾巴尖之外变成一身全白？

9、这里有一张食草动物和食肉动物的头骨的图片，你能根据它们的牙齿把它们区分出来吗？

森　林　报

（冬季第一月）　　　　　　　太阳进入摩羯宫

第十期内容提要

冬天的书：

　　书的读者以及怎样去读——书的作者，它们都写了些什么？

　　——正体字和花体字——小狗与狐狸，大狗与狼——狡猾

　　的狼

森林大事记：

　　粗心大意的小狐狸——可怕的脚印——雪底下的鸟群——

　　雪爆炸了，獐鹿得救了——狼群

城市新闻：

　　赤脚爬在雪地上

国外新闻：

　　埃及拥挤的鸟儿——轰动非洲南部

狩猎新闻：

　　带了旗子去打狼——查看雪径上的脚印——包围——夜晚

　　——第二天早晨——围攻！

打靶场：

　　第十轮森林知识问答比赛

冬天的书

　　大地穿上了雪白的冬装。田野和林间空地，宛如一本巨型奇书中那平坦而洁白的书页。无论是谁经过这里，都会在这些书页上留下它的签名："某某某到此一游。"

　　在白天降雪过后，这些书页又会变成了光溜溜的空白页。

　　如果清晨的时候，你出来走一走，那么，你就会发现，在那洁白的书页上出现了无数个神秘的符号——直线、句号和逗号。这意味着什么呢？哦，你猜对了，这是一些森林居民在晚上来过这里：或许它们只是路过此地，或者在这里跳了一会儿，或者是忙着什么事情。

　　那么，是谁来过这里？而它又做了些什么呢？

　　快一点研究这些难懂的符号吧！快一点读出这些神秘的字母吧！不然的话，另一场大雪随时都会不期而至，一只无形的大手就会翻过这一页，在你的眼前将会只留下一张光溜溜的空白页。

书的读者以及怎样去读

　　在冬天的这本书中，每一个森林居民写字的风格各不相同：各有各的笔迹，各用各的字母符号。人类要学会用眼睛去读这本书，读懂上面的信号和符号。看书自然用眼睛啦，不用眼睛怎么去读呀？

　　可是，有些动物就偏偏不用眼睛去读，比如狗，它就能用鼻子读出冬书上的字母。你看，它用鼻子闻一闻这些符号，就会读懂其中的内容："这儿有狼群来过"，或者"刚才有一只兔子跑了过去。"

动物的鼻子可谓是大有学问的哟！通过鼻子读起字来，那可是没有一点儿差错。

书的作者，它们都写了些什么？

大多数的动物用它们的爪子写字。

有的动物用整个爪子来写字，有的动物则用其中的四个爪子来写字，还有的动物用一个蹄子来写字。可是，有的动物用它们的尾巴，用它们的鼻子，或者用它们的肚皮来写出它们的名字。

鸟儿也会用它们的爪子，用它们的尾巴写字。此外，有的鸟儿还会用它们的翅膀来写字。

正体字和花体字

我们的森林记者已经学会了识读这本冬书，学会了从中读出丰富多彩的森林故事。这可是一门复杂的学问，要正确地读出来可真的不容易，因为，并不是所有的森林居民都用正体字在这本书上签着自己的名字。它们有时候还要耍一耍花招，用花体字来签名。

不过，松鼠比较老实。它的签名很容易就能辨认出来：它在雪地上跳跃着走，就像是玩跳步游戏一样。前面的短爪子抓地，后面的长腿向前用力，所以，每次跳跃都会蹦出好远；而且，它的前脚印很小——可能形成两个圆点，并排在一起。可它的后脚却留下一个长长的印迹，就像一只纤纤细手留下的手印一样。

田鼠的字迹虽然很小，但它的字迹清楚而且简单易懂。当田鼠从雪下跑出来时，它差不多总是要先绕一个圈子，然后才对直朝前走，或者转身折回它的洞里。它在雪地上留下的笔迹是一条长长的冒号，而且两个冒号之间距离相等。

鸟儿的笔迹写得很清晰，容易看懂。我们就拿喜鹊来说吧，它的脚上有四个脚趾，前三个脚趾在雪地里留下的是一个小十字，而长在后面的第四个脚趾留下的是一个破折号。在小十字的旁边是翅膀尖的印迹，就像手指印一样。在某个地方，喜鹊儿一准还会用它那长长的尾巴在雪书上隆重地添上一笔。

这些痕迹都很朴实易懂，让人一看就马上明白：这里有一只松鼠从树上跳了下来，在雪地上玩耍，然后又重新跳回了树上。这里有一只老鼠从雪下钻了出来，跑了一会儿，便兜了一个圈子，然后又重新钻回雪堆下。再瞧瞧这里，一只喜鹊落到了雪地上——一个跳跃，又一个跳跃，再一个跳跃，它晃动着尾巴，扇了扇翅膀就拜拜，飞走了！

可是，要想读懂狡猾的狐狸留下的信息，或者读懂它写在雪书上的字，那就不是那么容易了！没有一定的经验，你就根本别想把它读个明白。

小狗与狐狸，大狗与狼

如果你仔细观察，就会发现狐狸的脚印和小狗的脚印十分相似。唯一的区别就在于：狐狸总是把它的爪子并得很拢，而狗总是将它的爪子摊开，这样，它的爪印踩到地上就更为柔软，不怎么清晰。

狼的脚印和一条大型狗的脚印颇为相似，它们的区别与狐狸和狗脚印之间的区别相同：狼总是把它的爪子聚拢在一起。所以，狼的脚印要比狗的脚印更为狭长，看起来更为清晰可辨；而它的爪子和脚掌心上那几块小肉脚垫，踩在雪上往往会印得更深一些。一般说来，狼的脚掌印的前爪印和后爪印之间的距离要比狗的脚掌印间的距离要大一些。狼的前爪通常是叠在一起的，这样，它的爪子就在雪地上留下一个爪印。狗爪上的肉趾常常是彼此相连，形成了一个单脚印；而狼的脚印中，它的肉趾是分开的。

想要读出狼的字迹特别困难，因为狼喜欢使出一些花招来隐藏它的行踪。

下图有三种脚印：狐狸脚印、狗脚印和狼脚印，请比较一下。

狡猾的狼

狼在奔跑或者疾走时，它总是小心翼翼地将它的右前爪放进它的左前爪的脚印中。这样，它的足迹就像是一条绳子一样的直线。

看到这样的一条线时，你会

不假思索地说道："一只机灵的大狼刚刚走过这一条路。"

可是，你错了。真正的解释应该是这样的："五只狼从这条路上过去了。"前面走的是一只母狼，走在它后面的是一条公狼，而走在老狼后面的是它们的小狼崽。

它们踩在彼此的脚印上，而且做得是这么利索熟练，没有人能够想到这是五只狼留下的足迹。要辨别这白色的脚印确实需要练就出一副好眼力。

森林大事记

这里发生的几件森林中的大事，都是我们的森林记者从白雪覆盖的野兽路径上得出的结论。

粗心大意的小狐狸

在一片林间空地上，小狐狸发现了几串田鼠留下的小脚印。

"哈哈！"小狐狸心中暗想："这下，我可要饱餐一顿啦！"

可是，粗心的小狐狸并没用它的鼻子好好"念念"这些字，弄清到底这是谁刚才在这儿留下的，它只是草草地看了几眼，就轻易作出了结论：噢，脚印是一直通到灌木丛那边的。

于是，它蹑手蹑脚地走到了那一片灌木丛。雪里有个小东西正在蠕

动，只见它长着一身灰色的皮毛，还有一根小尾巴。小狐狸上前一把摁住这个小家伙，上去就是一口——咔嚓一下！

"呸呸呸！真是恶心死啦，什么臭玩意儿！"小狐狸刚咬一口立刻就觉得不对劲了，连忙把口中的小东西吐了出来，并赶紧跑到边上吃了一口雪漱口，想用雪来清除嘴中的味道，因为那味道简直是太恶心了。

就这样，小狐狸的早饭到底是泡汤了，虽说逮着了一个动物，却什么也吃不了。

原来，这只小动物并不是什么老鼠，而是一只鼩鼱。

从远处来看，这鼩鼱还真的像是一只老鼠，可走近了仔细观看，你会发现它们又有很大的不同。鼩鼱的鼻子跟猪嘴一样，比老鼠长好多，而且，它的脊背总是弓起来的。它以昆虫为食，与鼹鼠和刺猬属于亲戚关系。只要是有点儿经验的野兽，一般都不会去碰它，因为它的气味非常浓烈，闻起来就像麝香一样。

可怕的脚印

我们的森林记者在那些树下发现了一串脚印。那爪印很长，长得让人看了心生恐惧。其实，这些脚印本身并不大，与狐狸的脚印差不多大小，但那些脚印看起来又长又直，好像是木匠的钉子直接钉在了地上似的。那长长的爪子肯定非常厉害，要是抓到了谁的肚皮，那肯定会把他的心脏都掏出来的。

记者小心翼翼地沿着脚印走过去，脚印通向地上的一个大洞。洞口处的雪地上散落了好多细毛。他仔细研究了一会儿。这些细毛又直又硬，柔软而且非常富有弹性，其颜色是白色中带点黑尖儿，就像人们使用的画笔似的。

这时候，记者马上明白了：生活在洞里的原来是一头猪獾。猪獾是一个狡猾的家伙，不过，它们也不是让人特别可怕。很显然，它是看到天气变暖了、雪化了，所以出来转悠转悠。

雪底下的鸟群

野兔在沼泽地上快乐地跳来跳去——它们从这一个草丛跳上那一个草丛，又从这一块草地再跳上另一块草地。忽然间，只听见扑通一声，野兔一不小心就掉进了雪里，雪一下子淹没到它的长耳朵边上。

野兔感觉到脚底下好像有个活的东西在扑腾。霎时间，从它周围的雪底下，突然冲出了一群白色的柳雷鸟，它们扑腾着翅膀，发出了噼噼啪啪的声响。兔子被这些不知道从哪里跑出来的柳雷鸟吓坏了，撒腿拼命往回跑，一转眼就逃进了森林中。

这是一群柳雷鸟，它们冬天就生活在这片沼泽地的雪底下。白天，它们飞出来，在沼泽地上到处溜达，寻找着它们喜欢吃的浆果。吃饱喝足之后，它们又钻回到雪底下。

在那里，又暖和又安全。谁会注意到它们竟然躲在了雪底下？

雪爆炸了，獐鹿得救了

这片雪地上留下了许多凌乱不堪的脚印，像是告诉人们这里曾发生过一件不同寻常的事；可是，我们的记者怎么也猜不透这里到底发生过什么

事情。

最初留下的脚印是又小又窄的兽蹄印。不难看出：这是一只獐鹿留下的脚印，看样子，獐鹿当时是大摇大摆地走过这一片森林，没有一丝儿慌乱的迹象。

可突然间又出现了许多大脚爪印，就在这些蹄印旁边，而且獐鹿的脚印开始显得有些慌张凌乱，像是开始蹿跳。

这也不难理解。也许是一只狼无意间发现了那只獐鹿从灌木林中跑了出来，便悄悄地向它靠近，并在瞬间发动了攻击，向獐鹿猛扑过去。而獐鹿的反应也比较敏捷，它飞快地从狼的身旁逃走了。

继续往下看，你会发现狼的脚印离獐鹿的脚印越来越接近——也就是说，眼看那只狼就要追上獐鹿了。

再往前，在一棵已经倒下的大树前面，两种脚印已经完全混在一起了。看来，那只獐鹿刚刚纵身跃过了那棵粗壮的树干，狼就紧随其后，蹿了过去。

树干的另一侧有个深坑：坑里弥散着许多积雪，像是一颗巨型炸弹刚刚在下面爆炸过似的向四处飞溅，而且显得凌乱不堪。

可是呢，就是从那个雪坑开始，獐鹿的脚印走向一边，而狼的脚又走向了另一边，而在它们的脚印中间可以看到一个神秘的大脚印，挺像是人的脚印，只是那脚长有带钩的趾甲。

这究竟是一颗什么样的炸弹爆炸了呢？这可怕的新脚印又是谁的呢？狼为什么会放弃追赶獐鹿呢？这里到底发生了什么事情？

我们的记者冥思苦想了很长时间。他们终于弄清楚那大脚印的由来，后来，一切都水落石出了。

獐鹿凭着它那四条飞毛腿，轻而易举地越过了横在地上的粗树干，快速地向前飞奔而去。狼紧紧跟在它后面也跳了起来，不过，它没有獐鹿跳得那么远，它沉重的身子吊在半途中，扑通一声从树干上滑了下来，重重地摔进堆满积雪的深坑里。恰巧树干底下有个熊洞，狼四只脚一齐插进了熊洞里。

此时此刻，狗熊正睡得迷迷糊糊的，被这个从天而降的庞然大物吓了一大跳。狗熊猛地跳了起来，于是，坑里的冰呀，雪呀，树枝呀，被搞得四处飞溅，好像是炸弹爆炸了一样。这更是把狗熊吓得魂飞魄散，它拼命地向森林深处飞奔而去，用惊人的速度逃走了。它可能误以为猎人捕捉它来了。

而狼呢，重重地跌在雪坑里，摔得晕头转向的。看见眼前这个又高又大的狗熊，它的心里顿时害怕得要死，哪里还记得什么獐鹿哟。说时迟，那时快，狼只顾开动自己的四条腿，赶紧逃命去了。

那只獐鹿呢，当然早已跑得不见踪影啦！

狼　群*

■森林记者　F.扎哈罗夫

到了夏季，许多狼开始在我们的附近频繁出没。它们遇到什么就践踏什么。它们给我们的农民带来了巨大的损失。它们时而把马驹撕成碎片，时而又从羊群中叼走羔羊，而一旦它们咬住了一匹马，它们就撕开它的胸膛。

农民们对此非常气愤。遇到狼群来袭，他们个个抄起了家伙，追赶上去。这群恶狼就住在山涧旁那些陡峭的山洞里，距离村庄大约只有半英里。

当人们到达山涧时，他们挖呀，挖呀，挖呀。最后，他们挖到了狼

窝。老狼已经不在窝里了。可狼窝里有六只小狼崽。他们带着这些狼崽回到了村庄。一个农民将一只狼崽放在自己的房间里，没有用绳子将它拴住。可到了午夜时分，只听见一阵玻璃被击碎的声音。母狼闻到自己幼崽的气味，它便穿过窗洞，将幼崽救了出去。

还有一个小伙子养了两只小狼崽，它们倒是没有跑走。可他这样做也是养"虎"遗患啊！两只小狼崽吃掉了无数只小鸡和母鸡。母鸡被撵得满院子飞，狼崽逮住了它们，毫不留情地把它们给生吞活剥了。所以，小伙子最后也只得把这两只狼崽给杀了。

失去狼崽之后，这群狼在这座村庄里转悠了很长时间。提到它们，人人都有点担惊受怕。没有人敢夜里出门，也不敢在夜里结伴进入森林。可是，随着冬季的来临，这些狼便消失了，从此再也没有来过这个地方。

赤脚爬在雪地上

在冬季阳光明媚的日子里，温度表的水银汞柱升到了摄氏零度。这时，在林阴道上，在花园和公园里，从雪下爬出来许多没有长出翅膀的小苍蝇。

它们一整天都在雪地上爬来爬去。一到傍晚，它们又钻回冰缝和雪地里藏了起来。它们就生活在那些安静、暖和的角落，比如落叶或苔藓的下面。

在雪上，它们所到之处并没有留下什么痕迹。因为这些爬来爬去的小虫子身子是那么的微小，体重是那么的轻盈，只有在高倍的放大镜之下，我们才能够看清楚它们那长长的面孔、头上那稀奇古怪的犄角和纤细的光脚。

国外消息

《森林报》编辑部是收到了一些国外消息，报道了从我们这儿飞去的那些候鸟的生活状况。

夜莺算是我们这儿出名的歌手，它在非洲中部过冬；百灵鸟把埃及作为它们过冬的大本营；星椋鸟则分批飞到了法兰西南部、意大利和英国旅行去了。

在那儿，它们不再唱歌，不再做窠，也不再孵化雏鸟；它们所做的只是忙着解决自己的吃饭问题。它们静静地等待着春天的到来，因为那时候它们就可以飞回阔别已久的故乡了。常言说得好："在家千日好，出外万事难。"

埃及拥挤的鸟儿

埃及是鸟儿的天堂。那里有雄伟壮阔的尼罗河，还有无数条支流，河滩上满是淤泥，河的两岸到处都是肥沃的牧场和良田。这里到处是湖泊和沼泽，有咸水的，也有淡水的；温暖的地中海，海岸弯弯曲曲，形成了许多海湾。这些地方处处都有丰富的食物，可供千千万万的鸟儿尽情地享用。夏天里，这里的鸟儿已经是不计其数了，而一到冬天，这里更是成了一个鸟的王国。

鸟儿相聚的场面简直令人难以形容。你可以想象，全世界的鸟类都聚集在这儿，好像要参加一次大聚会似的。

在湖上和尼罗河的支流上，密密麻麻地聚集着海鸟，遮住了一望无际的水面。嘴巴下长着个大肉袋的鹈鹕，跟我们的紫膀鸭和小水鸭一起在河里捉鱼。在漂亮的长脚红鹤中间，我们的鹬悠然自得地踱来踱去，可一看见羽毛斑斓的非洲乌雕或是我们的白尾金雕，它们就会四处逃窜。

要是在湖泊附近突然响起一阵枪声，马上就有一群群形形色色的鸟儿密密匝匝地飞起来。那喧嚣声简直犹如几千面大鼓同时擂响。刹那间，一大片浓浓的黑影笼罩在湖面上空——飞上天空的那乌云一般的鸟群遮住了太阳的光线。

在食物丰富的埃及，我们的候鸟们就这样在它们冬天的家园里悠闲地生活着。

轰动非洲南部

在非洲南部发生了一件大事。有一群白鹳飞落了下来，人们发现在这群白鹳中有一只白鹳戴着一个白色的金属脚环。

一个欧洲人捉住了那只戴有脚环的白鹳。白鹳脚上的金属环上刻的字清晰可见："莫斯科。鸟类学研究委员会，A组第195号。"

这个欧洲人很快将这一消息披露到报纸上。就这样，我们知道了前些时候我们的森林记者捉到的那只白鹳冬天生活在什么地方。

（参阅《森林报》第七期"来自森林的第二次特别报道"。）

这种给鸟儿戴脚环的方法，使科学家们能够探知许多关于鸟类生活的稀奇古怪的秘密——比如它们在哪里过冬，长途飞行经过的路线，等等。

为了实现这一目的，世界各国的鸟类学研究委员会制作了各种大小不同的铝制脚环，并且把分发脚环的鸟类学研究委员会的名字刻在了脚环上面，还刻上一个系列字母（按脚环的大小分组）和一个编号。只要有人捉住或打死这种带有脚环的鸟儿，看清楚脚环上所刻的鸟类学研究委员会的名字，就应该通知这个委员会，或是在报纸上进行报道。

狩猎新闻

带了旗子去打狼

最近，有几只恶狼在克里沃琳娜村庄附近频繁出没。它们一会儿叼走一只绵羊，一会儿拖走一只牛犊，一会儿又叼走一只小山羊。这个村庄里没有猎人，所以，他们只好到城里寻求帮助。

"同志们，帮帮我们吧！"

于是，就在那天晚上，从城里赶来了一群带枪的猎人。他们个个都是打猎的高手。与他们一同到来的还有两辆载货雪橇，上面装着笨重的卷轴，卷轴上面缠着绳子，中间像个驼峰似的高高隆起来。绳子上每隔一英尺就系着一面红色的小旗子。

查看雪径上的脚印

从城里来的猎人们详细听取了当地农民介绍，了解了整个事情的来龙去脉，得知狼是从哪儿来到这座村庄的。接着，他们又去查看了狼群留下的脚印。那两辆载着卷轴的雪橇，一直跟在他们后面。

狼群的脚印形成一条笔直的线，从村庄里出来，穿过田埂，一直通向密林深处。乍一看，好像只有一头狼，可是，那些有经验的、善于辨别兽迹的人一看，就知道其实走过去的应该是一群狼。

循着狼的踪迹，猎人们一直追踪进了森林，这才判断出那是五只狼的脚印。猎人们仔细观察一番后得出结论：走在最前面的是一头母狼，它的脚印窄窄的，步距较小，脚爪留下的槽是斜着的，凭借着这些特点就可以断定它是一头母狼。

经过一番现场勘察之后，他们分成了两队，然后分别乘上雪橇，围着那片森林转了一圈。

但他们并没有在周围发现狼从这片森林里离开的蛛丝马迹。由此可以断定，这群狼仍然隐蔽在这片森林里，唯一要做的就是尽快将这片森林包围起来。

包　围

　　两队猎人每队各带了一个卷轴。他们缓缓地赶着雪橇前进，旋转着卷轴，沿路放出卷轴上的绳子，后面有人跟着，把放出的绳子缠在灌木、树干或树墩上。绳子上的旗子悬在半空中，离地大约有一英尺的距离，红色的小旗子迎风飘扬。

　　完成这项工作后，两队人马又在村庄里会合了。现在，他们已经把整个森林都围绕上了带有小旗子的绳子。

　　他们向农民们下达了命令：第二天黎明时分要全体集合。吩咐完之后，猎人们回去稍作休息。

夜　晚

　　那一夜，皓月当空，寒气逼人。

　　母狼睡醒了，它爬了起来。随后，公狼也爬了起来。今年刚出生的三只小狼崽也跟着爬了起来。

　　只见周围是密密匝匝、黑黢黢的灌木林。一轮圆月挂在了茂密的云杉树梢上，看起来就像一轮影影绰绰的太阳一样苍白。

　　狼的肚皮发出咕噜咕噜的响声。太饿了，肚子难受死了！

　　母狼抬起头，对着月亮悲凉地嗥叫起来。公狼也跟着它凄凉地叫了起来。小狼崽们也学着它们的父母发出尖细的叫声。

　　村庄里的家畜一听见狼嗥，个个都吓得惊慌失措。只听见母牛"哞哞"地叫着，绵羊也发出可怜的"咩咩"声。

　　这时候，母狼迈开步伐，走出了狼窝，跟在后面的是那只公狼，再后

面的是三只小狼崽。

它们小心翼翼地迈着步子，后面一头狼的脚正好踩在前面一只狼留下的脚印上。它们就这样整齐划一地穿过那片灌木林，向村庄开进。

母狼突然停住了脚步，公狼也随之停住了。最后，小狼也停住了。

母狼那双敏锐的眼睛恶狠狠地、惶恐不安地闪烁着。它那嗅觉灵敏的鼻子似乎闻到彩旗所散发出的又酸又涩的味道。仔细一看，它发现就在它的前面，在这片灌木林外边挂着好多黑糊糊的旗子。

母狼比较有"经验"，它心想：有布片飘扬的地方，就一定有人。谁知道呢，也许他们这会儿正埋伏在田里守候着它们吧。还是往回撤吧！

想到这，它掉过头，连蹿带跳地跑回了灌木林中，后面紧跟着那只公狼，再后面就是它们的三只小狼崽。

它们迈着大步，刚好穿过那片森林，来到森林的另一边，它们再次停住了脚步。又是布片儿！布片儿挂在那儿，看起来就像是一条条吐出来的鲜红舌头。

于是，这群狼在树林里东奔西突，一次次地穿过树林。可是，不论是这儿，还是那儿，到处都挂满布片儿，哪儿都没有出路。

母狼这下觉得情形有些不妙了，一定有危险！它转身走进了那片灌木林，气喘吁吁地躺倒在地上。公狼和小狼崽也都跟着躺了下来。

看来，它们逃不出这个包围圈了！那就只能饿着肚子了！谁知道外面那批人到底想干什么？

它们的肚子已经饿得咕噜咕噜乱叫，严寒的天气无情地折磨着它们。真是难熬啊！

第二天早晨

清晨，天刚蒙蒙亮，村庄里的两队人马就出发了。

其中一队人数比较少，都是佩带枪支的猎人，他们都穿着灰色长袍。之所以穿灰衣裳，是因为冬季其他颜色的衣裳在树林里都太显眼。他们包围了这片森林，把绳子上的小旗子悄悄地解了下来，然后在灌木丛后面分散开来，排成一条长蛇阵。

另外一队人马则是村庄里的农民，这一队人数比较多。他们手里拿着尖尖的木棒——在田野里静静地等待着。这时候，他们听到了指挥员发出了号令，一起边吼边喊冲进了那片森林。他们在森林里一边走，一边彼此高声呼应，还不停地用木棒敲打着树干。

围　攻!

狼群正在灌木林里静悄悄地打着盹儿。突然，它们听到从村庄方向传来一阵阵喧闹声。

母狼猛地一跃而起，朝相反的方向逃窜而去，公狼和小狼崽紧随其后。

只见它们脖子上的鬃毛竖着，夹紧了尾巴，两只耳朵向背后竖起，眼睛里直冒着火光。不顾一切地飞奔着，逃窜着。

到了森林边缘，它们又看见一串串像燃烧的火焰似的红布片！

此时此刻，狼群已经感到了一阵阵莫名的恐惧和惊慌，它们转过身来飞也似的往回撤退！

可是，呐喊声已经越来越近。听得出，有大批人正在向它们围拢过来，木棒敲得树林震天动地地响。

它们再一次来到了树林边！可这一次，再也看不到任何红色的布片了！

快往前冲呀！于是乎，整个狼群冲进了在此等待的猎人长蛇阵。

突然，从灌木丛后面喷射出一道道火光，枪声噼噼啪啪地响了起来。公狼一下子蹿得老高，随后扑通一声跌倒在了地上。受伤的小狼崽满地里打滚，发出了一阵又一阵的悲嗥声。

三只小狼崽没有一只逃脱了猎人无情的枪口。只有那只狡猾的老母狼想方设法逃出了猎人的手心。究竟逃到哪里去了，谁也没有注意到！

从此之后，克里沃琳娜村庄里再也没有发生过家畜丢失的事情。

☆ 本报特约记者

打靶场

第十轮森林知识问答比赛

1、按照日历计算，冬季从哪一天开始，这一天有什么特征？

2、哪一种肉食动物的脚印没有爪印？为什么？

3、渔夫不喜欢哪几种野兽，虽然它们长着珍贵的毛皮？

4、树木在冬天里是否继续生长？

5、为什么猎人们最讲究初雪后出去打猎？

6、哪种鸟儿会钻到雪里过夜？

7、冬天，猎人最合适穿什么颜色的衣服在田野和森林里打猎？

8、为什么兔子跑的时候后脚印在前，前脚印在后？

9、冬天，我们的候鸟飞到南方后是否依然要做窠？是否要孵化小鸟？

10、下图在雪上的脚印是什么动物留下的？

11、我们的森林中哪一种鸟儿的眼睛长得靠近后脑勺？为什么？

12、哪一种小野兽狐狸不吃，松貂也不吃？

13、哪一种野兽的脚印像人的脚印？

14、猎人打到一些野兔，背上有老鹰的爪子。为什么会是这样?

15、下面画的是一只被猎人打伤的獐鹿的脚印。从图中来看，这只獐鹿受到了什么样的创伤?

■猪獾在雪地上留下了可怕的脚印。

■一个欧洲人捉住了那只戴有脚环的白鹳。白鹳脚上的金属环上刻的字清晰可见："莫斯科。鸟类学研究委员会，A组第195号。"

森　林　报

第十一期内容提要

森林里好冷啊，好冷啊：

　　吃饱了就不怕冷——轮番登场

森林大事记：

　　饥饿是个残忍的后妈——小木屋里的大山雀——森林中的
　　饥民向村庄挺进——森林里的"吉普赛人"——夹子

城市新闻：

　　饥肠辘辘——更多免费的食堂——学校里的森林角

狩猎新闻：

　　带着猪崽去打狼——深入熊洞

打靶场：

　　第十一轮森林知识问答比赛

森林里好冷啊，好冷啊

刺骨的寒风在空旷的田野里怒吼，在白桦树和白杨树那光秃秃的枝头呼啸着。寒风钻进了鸟儿厚实的羽毛和野兽们蓬松的皮毛，简直将它们的血都快要冻住了。

鸟儿已经无处栖息了：这里没有一块地方，没有一根树枝不为厚厚的白雪所覆盖。鸟儿的小爪子被冻得难受！它们必须不停地在雪地里奔跑、跳跃，在空中飞翔；它们要想尽一切办法给自己取暖。

谁要是有一个温暖、舒适的窝儿、洞穴或巢穴，那它就是幸运的；谁要是有一个粮食充足的仓库，那它就是幸运的。因为有了这些，它就可以吃得饱饱的，把身子蜷成一团，酣然大睡了。

吃饱了就不怕冷

动物过冬的全部秘密就是要把自己吃得肚满肠肥的。饱吃一餐会使它们从体内散发出热量，促使血液变得更暖和一些，全身的血管中传播着一股温暖的力量。皮肤下的一层厚厚的脂肪，就是暖和的毛皮外套或羽绒服里最保暖的衬里。严寒，就算能穿透动物的毛皮和羽毛，也绝对穿不透皮下那一层厚厚的脂肪。

只要有充足的食物提供给每一个动物，冬天就不会有那么可怕。可是，冬天里，食物在哪里呢？到哪里去寻找啊？

狼和狐狸在整个森林里蹿来蹿去，可森林里一片死寂。鸟儿和野兽差不多全都躲到隐蔽的地方过冬去了，有的则迁徙到了别

的地方。白天，只有乌鸦在林子里盘旋飞翔；夜晚，猫头鹰在空中徘徊，它们在寻找着猎物。可是，什么猎物也找不到啊！

饥饿在森林里迅速蔓延开来。

有时候，它们会遇到一个免费的食堂；除此之外，许多野兽经常是饿得要死。

然而，即使是免费的食堂，它们也难得遇到一顿饱餐——你还得等待，轮到了才有你的份。在这里，动物们奉行着强者优先的原则，弱者只有等到强者饱餐之后才能得到一份残羹剩饭。

轮番登场

突然，一只乌鸦先发现了一具马的尸体。

"呱！呱！"一大群乌鸦循声飞来，想要落下来共进晚餐。

天色已经暗了下来，月亮升起来了，夜幕即将来临。

忽然，不知是谁在林子里幽幽地叹了口气：

"呜咕……呜，呜，呜……"

乌鸦吓得飞走了。只见林子里飞出了一只猫头鹰，直接落在了马的尸体上。

它用嘴巴撕扯着马肉，耳朵不停地一抖一抖的，白眼皮飞快地眨巴眨巴。可是，正当它想美美地吃上一顿时，突然，"沙沙"，"沙沙"，雪地上传来了一阵脚步声。

猫头鹰赶紧飞到了树上。一只狐狸溜到了马尸跟前。

咔嚓咔嚓，一阵牙齿作响。可刚刚吃了一点儿，一只饿狼跑了过来。

狐狸慌忙逃进了灌木丛，那只饿狼扑到了马尸上。它浑身的毛直立着，小刀子似的牙齿使劲地剜起一块块马肉，吃得高兴极了，喉咙里还发出了呼噜呼噜的响声。这声音掩盖了周围的其他声音。过了一会儿，它抬起了头，咬紧着牙齿，好像听到了什么似的。它发出了咯咯的尖响，好像在发出什么威胁："你们不要过来！"然后，它又埋头大口大口地狼吞起来。

突然，一声怪叫在它的头顶上炸响，狼吓得屁滚尿流，夹紧了尾巴，飞也似的逃走了。

原来是森林里的霸主，一头身材魁梧的大狗熊，姗姗而来。

这一下，谁也别想再接近这顿美餐了。

夜幕降临了，大狗熊饱餐了一顿，终于打着哈欠慢条斯理地走了。在一旁看着的那只狼一直夹着尾巴，静静等着这一时刻。

狗熊刚一走，狼就飞奔到马尸旁。

狼吃饱了，狐狸又迫不及待地跑来了。

狐狸吃饱了，猫头鹰又飞来了。

猫头鹰吃饱了，乌鸦这时候又飞拢来了。

这时候，天也快亮了，这一顿免费的盛宴早已被吃得一干二净，只剩下一点残存的马骨留在那里。

森林大事记

饥饿是个残忍的后妈

从几个村庄里传来消息说，有一群狼正在村里大开杀戒，它们攻击看家护院的狗儿、捕猎牲口和绵羊。

夏天里，如果你在森林里遇到了一只狼，它会主动躲开你，远远地跑进丛林中去。它绝不希望与人较量。夏天里，狼个个都吃得饱饱的，而在这种情况下，它害怕人。

可是，到了冬天，情况就完全不同了。

饥饿成了它的头等大事，你甚至可以看见它的一根根肋骨。饥饿是一位残忍的后妈。严寒不是一个大力士，它不会让你站在那里，让你等着饿死。于是，夜幕一降临，狼便走出了森林。

村民们已经睡着了。到处都是黑灯瞎火的，没有一点儿灯光。这狼完全知道，主人家的狗在看家护院。可眼下，肚子饿得咕咕直叫，它已经顾不了这个了。

狼沿着田埂一路走来。这个时候，如果它遇到一个人，它会将他扑倒，还没等他出声就会咬住他的脖子。到了村庄，它悄悄地绕到了房子后面。

这时候，一条狗闻到了这位不速之客的存在，它狂吠起来。

"该死的！你给我住口！"

它跳过了栅栏，一口咬住狗的脖子，把它甩到了背上，然后匆匆离开此地，回到了森林。它根本不管家家院子里的狗叫声，也不管从小屋子里冲出来的主人，还有黑暗中猎枪闪现的火光。它的胸中只有愤怒、恐惧和饥饿——饥饿。

小木屋里的大山雀

在忍饥挨饿的那些岁月里，各个森林中的飞禽走兽都被迫驻扎到居民的住所附近。在这里，找点东西填饱肚子比较容易，也可以靠一些人们扔掉的垃圾来打发日子。

饥饿会使鸟兽们变得胆大起来。就连那些怯懦的森林居民，也变得胆大妄为，不再怕人了。

黑琴鸡和鹧鸪鸟会悄悄地溜进打谷场和谷仓里。野兔跑到了村边的蔬菜地里大吃大嚼。黄鼠狼和白鼬跑到了地窖里捕捉老鼠。獐鹿和麋鹿溜进了村子里，拽出草垛中的干草。

有一天，我们《森林报》记者打开自家小木屋的门，竟然有一只大山雀从大门飞了进来。它身上的羽毛是黄色的，脸颊呈白色，胸脯上还有黑色的花纹。只见它动作轻快地啄食餐桌上残留的食物颗粒，见了人竟然毫不畏惧。

我们的记者关上大门，那只大山雀便成了他的一个俘虏。

它就这样在小木屋里待了整整一个星期。没有人管它，也没有人喂它吃任何东西。然而，出人意外的是，它却长得一天比一天胖了。它从早到晚就在屋里找东西吃。它在屋角找到了蟋蟀，还搜寻到藏在地板缝里的苍蝇，啄食地上的食物碎屑；晚上，它就栖息在火炉背面。

几天后，它把屋子里的甲壳虫都吃光了，于是又开始啄食面包；甚至

还用它的嘴巴啄起了书本呀、小盒子呀、软木塞什么的。不管是什么，只要落入它的视线里，就会被它啄得面目全非。

这时候，我们的记者只好打开大门，把这个毫不客气的不速之客撵了出去。

森林中的饥民向村庄挺进

森林里的老鼠已经建好了它们的冬季储备室。它们跑出了洞穴，时刻防备着那些臭鼬、白鼬、黄鼠狼和其他的天敌。

可地上和森林里到处都覆盖了一层厚厚的积雪。再也没有什么东西可以啃食的了。

饥寒交迫的林鼠组成了一支名副其实的队伍从森林向村庄里挺进。村庄里的粮仓这一下可就真的要遭殃啰！

森林里的"吉普赛人"

眼下，所有的森林居民都在残酷的冬季法则下呻吟着。森林法则上说：冬天里，你要尽量保护自己，不要受冻，不要挨饿，把育雏的事暂时抛到脑后。孵化幼仔是夏天里的事，那时气候温暖，食物丰富。

可我们的记者发现，在高高的冷杉树上有一个小鸟的巢。虽然鸟巢所在的树枝上覆盖了一层白雪，可鸟巢里竟然还有鸟蛋。

第二天，我们的记者又到那儿去了。这一个非常寒冷的日子，周围的行人鼻子冻得通红，可他往鸟巢里一看，里面已经有几只还没有长出毛来的小雏鸟了。它们躺在雪中，眼睛都没有睁开呢。

其实，这并不是什么奇迹。一对交嘴鸟在这里筑好了它们的巢，并孵出了它们的雏鸟。

交嘴鸟是一种冬天既不怕冷，又不怕饿的鸟儿。它是在按照自己的法则生活着。

交嘴鸟被人们称为长有羽毛的吉普赛人。其实，你可以在森林中一年四季都看到这种鸟群。它们整天叽叽喳喳快乐地叫着，从一棵树飞向另一棵树，从一个森林飞向另一个森林。它们一年到头都过着居无定所的流浪生活：今天到了这里，明天又到了那里。

春天里，所有的鸣禽都成双配对，选择一个地方住在那里，一直到孵化出小鸟为止。

可是，就在这个时候，交嘴鸟却在森林里到处流浪。它们决不长时间地停留在任何地方。

在它们那热热闹闹的流浪队伍里，一年到头你都可以看到老鸟和小鸟们在一起飞翔的景象。就好像这些雏鸟是它们在空中一边飞翔一边孵出来的。

在列宁格勒，人们把交嘴鸟叫做"芬兰鹦鹉"。人们之所以给它们这样的称呼，就是因为它们长得跟鹦鹉颇为相似，也有一身颜色鲜艳的服装；还因为它们像鹦鹉一样，能在细木杆上爬上爬下，像打着秋千一样转来转去。

雄性交嘴鸟的羽毛大多是红色的，有深红色，也有淡红色；而雌性交嘴鸟和幼鸟的羽毛则是绿色和黄色的。

交嘴鸟的爪子和嘴巴都很灵巧：它们的爪子会抓东西，嘴巴也会叼起东西。它们非常擅长头朝下，尾朝上，用小爪子抓紧上面的细树枝，用嘴巴咬住下面的细树枝，就那么倒挂在空中。

奇妙的是，交嘴鸟死后，它的尸体可以保持很久不会腐烂。老交嘴鸟的尸体甚至可以放上二十年仍然还栩栩如生，连一根羽毛都不会掉下来，更不会腐烂发臭，就像木乃伊一样。

更为有趣的是，交嘴鸟的嘴巴长得非常奇怪。除了交嘴鸟，没有任何其他什么动物长有那样的嘴巴了。

交嘴鸟的嘴巴，上下两片交错着生长：上半片弯了下去，而下半片却翘了起来。

交嘴鸟的本领几乎全靠这张奇怪的嘴巴；它所创造的一切奇迹，都能从这张奇怪的嘴巴上找到答案。

交嘴鸟在刚生下来的时候，其实跟其他鸟儿一样，嘴巴还是直直的。可是，等它长大了，就学会了啄食云杉和松树上坚硬松果里的种子。这时候，它那柔软的嘴巴就慢慢地变得弯曲了，而且上下交错起来。从此以后，它都保持了这副模样。这样的嘴巴成为交嘴鸟的一个优势，用交叉的弯嘴巴把球果里的种子钳出来，非常方便。

这样一解释，想必大家都很明白了。

那么，为什么交嘴鸟要终其一生在一片又一片的森林里到处流浪呢？

原因其实很简单：它们需要四处去寻找，看哪儿的松果结得最多而且最好。比如今年，我们列宁格勒大区获得了松果大丰收，交嘴鸟就闻讯来到了我们这里。而明年，如果北方有哪个地方松果结得多，交嘴鸟就会飞往那里去。

这也是为什么在冬季里交嘴鸟仍然能在漫天风雪中欢快地唱歌，并且孵育雏鸟的原因了。

是啊，在冬季里，森林到处都有松果，它们没有理由不欢唱，它们没有不孵育自己的宝宝的理由。鸟巢里暖暖和和的，里面铺满了绒毛、羽毛和柔软的兽毛。雌性交嘴鸟产蛋之后，就暂时不会再离开鸟巢了。外出觅食的任务就只能交给雄性交嘴鸟。

雌性交嘴鸟需要一动不动地孵化着鸟蛋，为的是让鸟蛋保持一定的温度；等雏鸟钻出蛋壳，雌性交嘴鸟就把保存在嗉囊而且已经被浸软的松子和云杉子吐出来喂给它们吃。所幸在一年四季里，松树和云杉上都有数不尽的松果和云杉子。

交嘴鸟一旦结为夫妻，就会随时筑起鸟巢，生儿育女。每当这个时候，它们就会暂时离开鸟群，不管当时是冬天还是春天（一年到头，人们都能找到交嘴鸟的巢穴）。只待筑好鸟巢之后，它们就会搬进去。等到雏鸟长大一点儿，这一大家子就会重新加入鸟群。

最后，我们来说一说：交嘴鸟死后，为什么它的尸体会像"木乃伊"一样常年不腐呢？

主要原因就是它们一生都以松果和杉木种子为食。在这些种子中，存在着大量的松脂。有些老交嘴鸟吃了一辈子松果和杉木种子，它们的身体已经被松脂浸透了，就好像皮靴被柏油浸透了一样。等到它们死后，使它们的尸体不至于腐烂的正是这种松脂。

夹　子*

■森林记者　A.库罗奇金

猎人伊凡在靠近那片森林的山坡上为狐狸设置了一个夹子，然后便回家了。他心想，狐狸不会很快就去那里的。

其实，他想错了。狐狸要出来寻找老鼠呀。再说，它也没有想到会有猎人在这里设置机关。于是，它径直朝自己的路径走去。突然，那个夹子在它的身下弹了起来，夹住了它的前爪。狐狸使出了浑身力气，想甩掉

夹子，可那夹子太重了。它挣扎了很久，很久。它的爪子渐渐地失去了知觉，它已经感觉不到疼痛了。后来，狐狸咬掉了自己的爪子。它将一个爪子留在了夹子的铁钳中，靠着剩下的三只脚一瘸一拐地下山去了。

狐狸简直饿极了。它来到了一处磨坊，捉到了一只母鸡，便返回了山林。磨坊里有一个非常聪明的人。他看到那只一瘸一拐的狐狸，便捡起一根结实的棍子，追了上去。雪很深，他的脚陷入雪中，而狐狸只有三只脚，怎么也跑不快。这人追上了狐狸，给它当头一棍，狐狸被打死了。后来，他把狐狸皮卖掉了，换回了三袋小米。

一个星期之后，猎人伊凡除了一只狐狸的爪子外一无所获。

城市新闻

饥肠辘辘

城郊的居民们抱怨说，他们家的鸡鸭和其它家禽不见了。即使在城市本身，家禽也会从砖砌的笼子里消失。小偷总是在夜间下手。

这是附近森林里的臭鼬们干的坏事。饥饿已经使它们绝望了。它们完全忘掉了对人类的卫士——看家狗的恐惧。

臭鼬具有柔软的薄薄的蛇一样的身体。它们可以轻而易举地穿过围栏，挤过石缝和铁门。

家禽的主人只得为它们设置陷阱。

更多免费的食堂

鸣禽整天都在饥寒交迫中煎熬着。好心的城里人，在花园里或者在自家的窗台上，给它们开办了一个个小型的免费食堂。有的人把小块的面包、牛油什么的用线拴起来，挂在窗户外面。有的人干脆把盛着谷粒和面包屑的筐子摆在庭院里的柱子上。

大山雀、白颊鸟、青山雀以及许多其他冬天里的贵客，它们成群结队地来到这里，尽情地享用这些免费的食堂。

学校里的森林角

现在，不论你走到哪所学校，都能看到学生们所建起的"大自然生物角"。生物角里摆满了各种各样的箱子、罐子和笼子，里面养着形形色色的小动物和小鸟儿。这些都是孩子们趁夏天野游的时候捉来的。眼下，孩子们可忙坏了：一边要给所有小动物喂食，填饱它们的肚子；一边还要按照每个小客人的习性和爱好给它们安排一个住处，最后还要看好每一种小动物，防止它们逃跑。生物角的居民包括小鸟儿、小野兽、蛇、蛙，还有一些小昆虫。

在一个建有生物角的学校里，当我看了一些孩子们写下的夏天日记之后，我才明白，他们的行动是经过精心计划，精心准备的，而不是随便把这些动物抓来玩玩的。

7月7日，孩子们在日记本上写道："今天，我们贴出一张宣传单，希望大家把逮到的动物，都交给班长。"

7月10日，班长记录道："啄木鸟是图拉斯带来的，小甲虫是米龙诺

夫带来的，蚯蚓是加甫里洛夫带来的。雅柯甫列夫则带来一只瓢虫和一只生长在荨麻上的小甲壳虫，保尔带来一只幼小的篱雀。"

日记上几乎每天都有类似的记录：

"7月25日，我们去池塘边玩耍，捉到了好多蜻蜓的幼虫，还有别的小昆虫。还有人找到一只我们非常需要的蝾螈。"

有的孩子还把他们抓到的动物详细地作了一番描述：

"我们抓到了好多水蝎子、松藻虫和青蛙。青蛙有四只脚，每只脚上分别长着四只脚趾。它们的眼睛乌黑发亮，鼻子像是两个小洞似的。它们的耳朵很大。青蛙是对人类非常有益的朋友。"

冬天里，孩子们没有外出旅行。大伙儿省下的钱凑到一起，在商店里买来了几种我们本地没有的小动物，比如说乌龟呀、金鱼呀、天竺鼠呀，还有一些羽毛鲜艳的各种小鸟。每次走进生物角，你就能听到里面的居民在和你打着招呼：有的在尖声嘶叫，有的婉转地啼鸣，有的轻轻地哼唧；有的小房客是毛绒绒的，有的则是光秃秃的，有的长满羽毛。总之，生物角简直成了一个小型的动物园。

有时候，孩子们还要相互交换他们收来的小动物。夏天的时候，一所学校的学生们捉到了许多鲫鱼，而另一所学校的学生们则养殖了很多的兔子，多得他们都快不知道该如何处理了。于是，两个学校的孩子们开始用他们手头的动物与对方进行交换：四条鲫鱼换一只家兔。

当然，这是一年级学生们的简单做法。而那些高年级的孩子们则建立了他们自己的小组织，几乎每所学校都建立了自己的"少年自然科学家小组"。

在列宁格勒的少年宫里，也有这样的少年自然科学家中心组。它是由列宁格勒所有学校选派的最棒的代表组成的，其总部就设在德米多夫中央一号生物教学站。

如果你想看到各种不同的生物，你就可以去这个地方参观。到了这里，你会完全忘了眼下已经处于隆冬时节。说不定，你还以为自己已经置身于夏日的森林之中！

狩猎新闻

冬天是捕杀狼呀、狗熊这样体型较大的猛兽的最佳时机。

冬天快要结束的时候，是一年中森林里饥荒闹得最严重的时候。饿极了的狼，胆子简直大得出奇，它们甚至敢在村庄附近成群结队到处溜达，寻找着它们的猎物。至于熊嘛，有的是躺在它们的洞里呼呼睡大觉，有的却在森林里肆无忌惮地游荡着。深秋的时候，有些"游荡熊"就专靠啃食尸体、拖家畜来打发日子，因为它们还没来得及作好冬眠的准备，冬天就悄悄地到来了。所以呢，它们如今只好在外面到处游荡。而另一些则是在冬眠过程中受到惊扰从洞穴里逃出来的狗熊。它们会在外面到处游荡，再也不敢回到原来的洞穴去了，然而，它们又不想重新给自己做个窝。

捕猎"游荡熊"时，一定要穿上滑雪板，带上猎狗。猎狗在深雪里会穷追不舍，一直到追到精疲力竭为止。穿上滑雪板的猎人要紧跟在猎狗的后面，伺机行事。

捕猎猛兽可不像捕猎飞禽那么简单，经常会有一些意想不到的事情发生。有时猎人捕猎猛兽时，反而让猛兽给咬伤了。这种事情在我们这里也曾经发生过。

带着猪崽去打狼

到了夜晚，一个人到荒郊野外打猎是一件多么危险的事情啊，很少有人敢在深更半夜孤身一人走进森林。然而，有一天，在莫克凡克斯村里就出现了一个这样胆大包天的人。

在一个月朗星稀的夜晚，他赶着马拉雪橇一个人悄悄地出了村子。雪橇上还载着一只大大的麻袋，里面装着一只小猪崽。

到了冬天，狼群变得大胆放肆起来。它们在村子里长驱直入，肆无忌惮。最近，村里的农民们纷纷抱怨说，狼群已经给他们带来了很大的损失。

很快，猎人便离开了大路，赶着雪橇，悄悄地进入了森林边缘的开阔地。

他一只手紧握着缰绳，另一只手还不时扯两下小猪崽的耳朵。

小猪崽的四只脚被捆着，整个身儿躺在了麻袋里，麻袋外面只露出个大脑袋。猎人之所以带上小猪崽，是因为他想用猪崽的尖叫声把狼引出来。猪崽的耳朵娇嫩得很，被人轻轻一扯就会使劲地叫唤。

果然，他没有失望，只过了不大一会儿，猎人就看到林子里好像亮起了一盏盏绿莹莹的小灯泡。这些小灯泡在黑黝黝的树干间不规则地一会儿移到这里，一会儿移到那里。这"小灯泡"正是狼的眼睛。

敏感的马儿害怕得大声嘶叫起来，随后就向前狂奔而去。猎人费了好大力气才用一只手勒住马的缰绳，另一只手还得不停地揪扯着小猪崽子的耳朵。要知道，狼的胆子再大也不敢扑向他的雪橇，因为上面还坐着人呢。只是猪崽的叫声可以使它们忘掉恐惧，鲜嫩的小猪肉是多么诱人的美餐呀！

只要有一只小猪崽在狼的耳边叫唤，狼就一定会把所有的危险都丢到九霄云外去！

狼看明白了：一只大麻袋，被一根长绳拴着，拖在雪橇后面，在坑坑洼洼的地上一起一落地蹦跳着。

麻袋里装满了干草和小猪粪，但是狼以为麻袋里装的就是小猪，因为它们已经听见了小猪的尖叫声，而且闻到了小猪的气味。

它们甘愿为美味的小猪冒点儿险。于是，狼群决定发动攻击。它们从森林里一齐蹿了出来，向雪橇扑了过去，一共是六只、七只……啊！一共有八只壮壮实实的大狼呢！

在空旷的田野里，从猎人的角度看，觉得它们个儿很大。皎洁的月光照射在狼的身上，将它们本来就油光锃亮的毛照得更加耀眼，使得它们看起来比实际个头大很多。

猎人放开了小猪的耳朵，迅速端起了猎枪。跑在最前面的那只狼，已经追上那个跳动着的装着干草的麻袋了。猎人用枪瞄准狼的肩胛骨下面，然后扣动扳机。只见那只狼在雪地上翻滚着，猎人随即用另一个枪筒向第二只开了枪。可就在这时，马儿猛地向前一冲，这一枪结果打空了。

猎人赶紧用双手抓住缰绳，拼命地把马勒住。可是那些狼已经钻进了树林，跑得无影无踪了。只剩下一只受伤的狼躺在地上，使劲地用后脚刨着雪，进行最后的垂死挣扎。

这时候，猎人已经把马完全勒住了，他把枪和小猪留在雪橇上，自己去捡拾死狼。

那天夜里，出现了一件奇怪的事情：猎人的马儿竟然自个儿跑回了村庄，在他的雪橇上，有一杆没装子弹的双筒枪和一只捆着的小猪，小猪还在使劲地嚎叫着，可是猎人不见了踪影。

天亮以后，村子里的人都到田野里去寻找，等他们看到了雪地上的痕

迹，就明白昨天夜里究竟发生了什么事情。

事情的经过原来是这样的：当时，猎人把打死的狼扛在了肩上，朝雪橇走去。当他快走到雪橇跟前时，马突然闻到身后有一股狼的血腥味儿，吓得浑身战栗，不顾一切地向前一冲，飞快地跑掉了。

猎人背着一只死狼，就这样孤单一人留在了田野里。此时，他的身上没有任何的武器，甚至连一把刀都没有，他把枪留在了雪橇上。

这时候，逃走的狼们渐渐地镇定了下来。它们又从森林里跑出来。于是，猎人被它们包围了。

农民们没有找到那个猎人，只是在雪地上找到了一个人的骨头和一只狼的骨头。看来，这群穷凶极恶的狼不仅把猎人给吃了，竟然还把死掉的同伴也一块儿吃掉了。

深入熊洞

一个猎人在捕猎狗熊的时候，发生了另一件非常不幸的事。

这一天，一个森林守护员发现了一个熊洞。于是，他从附近的城里请来了一位猎人。猎人带来了两只北极犬，便悄悄地来到了护林员所指的那个雪堆前。这雪堆下就是狗熊的窝。

猎人按照平时打猎的规矩，站在了雪堆的一边。一般情况下，狗熊的洞口总是朝着太阳升起的东方。当狗熊从雪底下蹿出来的时候，它一般都要转向南边一侧。猎人站立的地方，必须能够举枪射中熊的肋部——它的心脏部位。

森林守护员躲到了雪堆后面，放开了两只猎狗。猎狗闻到了野兽的气味，它们疯狂地向雪堆猛扑过去。

两条猎狗叫得那么大声，那么凶狠，狗熊一定会被吵醒。可是，两只猎狗朝熊洞疯狂地吠了半天，里面却一点儿动静也没有。

又过了一会儿，突然从雪堆里伸出一只黑乎乎的大脚掌，长着长长的指甲。一只猎狗差点儿被它抓住。

那只猎狗惊叫了一声，慌忙闪到了一边。随后，狗熊猛地从雪堆里蹿了出来，就像一座黑乎乎的小山似的。这一次，十分出乎意料——它并没有向一旁闪身，而是直接朝猎人的方向扑了过来。

狗熊的脑袋耷拉下来，遮住了它的胸膛。

猎人本能地开了一枪。

子弹擦过狗熊那结结实实的头颅，向一旁飞去，那野兽的脑门上生生挨了这么一下子，立刻被激怒了。只见它像发疯了似的，猛地把猎人掀翻在地上，然后又把他重重地压在了自己身下。

两只猎狗拼命地咬住狗熊的屁股，撕扯着它那厚厚的皮毛。然而，这一切全都是徒劳无益的。

森林守护员也被这一幕吓坏了，他一边撕心裂肺地喊着求救，一边挥舞手里的猎枪。可这一切也是徒劳无益的。谁都知道，这个时候是绝对不能开枪的。因为，狗熊和猎人离得非常近，子弹很有可能打不到狗熊，反倒打在了猎人的身上。

只见熊用它那厚实得有点儿可怕的大脚掌使劲这么一抓，猎人的帽子，连同头发和头皮一起被撕扯下来了。

紧接着，那只狗熊突然向旁边一歪，疯狂地在雪地上翻滚起来，雪地很快被它染成了红色。原来啊，猎人虽然是受了伤，但却并没有因此慌了手脚。他不知什么时候拔出了身上的佩刀，迅速地戳进了狗熊的肚皮里。

猎人的小命儿总算是保住了。此后，一张熊皮挂在了他的床头上，只是现在猎人的头上，总要围上一条暖和的头巾。

打靶场

第十一轮森林知识问答比赛

1、躺到洞里冬眠的是瘦熊还是肥熊?

2、为什么冬天砍的柴火比夏天的更值钱?

3、看了砍掉树干的树桩就可以知道这棵树的年龄,怎么知道的?

4、为什么猫科动物(如猫、虎等)都比犬科动物(如狗、狼等)爱干净?

5、为什么一到了冬天,有许多飞禽走兽就离开它们森林里的老巢,来到有人居住的地方?

6、蟾蜍冬天里吃什么?

7、蝙蝠飞到哪儿去过冬?

8、冬天,是不是所有的兔子都会变白?

9、哪一种鸟儿,雌的比雄的更加强壮?

10、交嘴鸟的尸体就是在热天也可以长期保存而不会腐烂,为什么?

森　林　报

（冬季第三月）　　　　　　太阳进入双鱼宫

第十二期内容提要

熬得过吗?:

严冬的牺牲者——玻璃似的青蛙——瞌睡虫——急不可耐

森林大事记:

从冰窟窿里探出来的脑袋——解除武装——爱洗冷水浴的鸟儿——大雕

城市新闻:

有惊无险的巷战——修理与新建——我们的鸟儿回来了——第一首歌

狩猎新闻:

妙招——狼陷——地上的机关——狼圈——最新消息

打靶场:

第十二轮森林知识问答比赛

熬得过吗？

森林年最后一个月来临了。这是最难熬的一个月——忍耐迎春月。

所有的森林居民仓库里的存粮都快要吃完了。所有的飞禽走兽都消瘦了——皮下那层暖和的脂肪已经消耗殆尽了。长期半温半饱的生活大大地削弱了它们的体力。

这时节狂风大雪好像在故意跟它们作对，满林子乱刮乱闯，天气越来越冷了。不过，冬天再放肆也只有一个月的光景了，也正因如此，它们才作垂死的挣扎。这会儿，一切飞禽走兽只有再坚持一下，鼓足最后的勇气，熬到春天的到来。

我们的森林记者巡视了整个森林。有一件事使他们担忧：飞禽走兽们能不能熬到天气转暖呢？

他们在森林里亲眼目睹了许许多多悲惨的事。有些森林中的居民经不住饥饿寒冷的煎熬，已经丧失了生命。其余的能不能再挺上一个月呢？不错，也有那种飞禽走兽，你根本不用为它们担忧：它们是死不了的。

严冬的牺牲者

天寒地冻，再加上狂风大作，真够可怕哟！每逢这样的天气过后，你都会在雪地里见到被冻死的飞禽走兽和昆虫的尸体，东一个，西一个。

刺骨的寒风将树桩和倒地的树上的积雪刮了下来，可那是许多小野兽、甲虫、蜘蛛、蜗牛和

蚯蚓的藏身之所啊!

这一层温暖的雪被揭掉之后,它们在无情的寒风中被活活冻死了。

有时候,鸟儿在飞行中就被暴风雪给刮死了。乌鸦是抵抗力多么强的鸟啊,可一场暴风雪之后,我们往往会发现它们死在了雪地上。

风雪一过,森林清道夫们马上就忙活起来了。猛禽猛兽们满林子里搜寻,把那些风雪中的尸体收拾得一干二净。

玻璃似的青蛙

我们的森林记者凿开了一个池塘的冰,挖开了塘底的淤泥。在这些淤泥中,竟然有成百上千只青蛙。它们聚集在一起,挤成一堆,在那里过冬。

把它们从淤泥里拿出来时,它们简直就像是玻璃似的。它们的身体变得非常脆,只要轻轻一碰,细细的小腿儿就会咔嚓一声断了。

我们的森林记者将几只青蛙带回了家。他们小心翼翼地将冻僵的青蛙放在暖和的屋子里。青蛙慢慢地苏醒过来了,开始在地上跳来跳去。

由此可以想见,当春日的阳光把池塘里的冰块融化,把池塘里的淤泥晒热时,青蛙就会完全苏醒过来,变得活蹦乱跳起来。

瞌睡虫

在离十月铁路线上的萨勃林诺车站不远的托斯那河沿岸，有一个大岩洞。从前，人们曾经在那儿挖取沙子，可是如今，人们已经多年不到那个洞子里去了。

我们的森林记者进了那个洞，发现洞顶上有成千上万只长有长长耳朵的红褐色蝙蝠。它们正在那里睡觉呢！它们已经睡了五个月了，头朝下，脚朝上，用脚牢牢地攀在粗糙不平的沙质穹顶上。长耳蝙蝠把它那大耳朵藏在了它们叠起的翅膀下，用翅膀把身体裹得严严的，像盖被子似的，就这样倒挂着进入了梦乡。

蝙蝠睡得那么久，我们的森林记者都为它们担心起来了。所以，他们摸了摸蝙蝠的脉搏，量了量它们的体温。

夏天里，蝙蝠的体温跟我们人类一样——在摄氏三十七度左右，脉搏是每分钟二百次。

现在，蝙蝠的脉搏每分钟只有五十次，体温只有摄氏五度左右。

尽管这样，这些健康的小瞌睡虫倒是没有什么让人担心的。它们还可以无忧无虑地再睡上一个月，甚至是两个月。等到温暖的春天一到，它们就会在夜里健健康康地苏醒过来。

急不可耐

只要天气稍一暖和，只要是融雪天气，从森林里的雪底下，就会爬出各种各样没有耐性的虫子来：有蚯蚓，有树虱，有蜘

蛛，有瓢虫，有甲壳虫的幼虫，还有叶蜂和步行虫。

只要是哪一个地方没有积雪（大风往往把倒在地上的枯木上的积雪全部刮走），这些大大小小的虫子就会跑出来兜兜风，闲逛闲逛。

昆虫要出来活动活动它们那僵硬的腿脚，而蜘蛛却是出来找食吃的。没有翅膀的小蚊子们光着脚丫在雪地上跑来跳去。长出翅膀的长脚蚊子在空中盘旋飞舞。

只要寒气再一次袭来，这个游园活动就会马上结束。这群大大小小的虫子们又会躲藏起来：有的藏到树叶下，有的钻进苔藓里，有的躲到枯草下，有的干脆就钻到了土里面。

森林大事记

从冰窟窿里探出来的脑袋

有一个渔民在涅瓦河口芬兰湾的冰面上走着。当他走过一个冰窟窿的时候，看到从冰底下探出一个脑袋来，那脑袋油光闪亮的，还有几根稀稀拉拉的硬胡子。

一眼看过去，渔民还以为，这是从冰窟窿里浮起来的被淹死的人的脑袋。可是，突然间这个脑袋朝他转过头来。渔民这才看清是一张长有胡子的野兽的脸：它那脸皮紧绷的脸上还长着满脸光闪闪的短毛。

两只亮晶晶的眼睛朝渔民的脸上直愣愣地盯了一会儿。随后，只听见

"扑哧"一声，它的脑袋一下子又钻到了冰底下，转眼不见了。

这时候，渔民才明白过来，知道自己刚才看到的是海豹。

刚才，海豹在冰底下捉鱼。它只把脑袋探到水面上一小会儿，为的是喘一口气。

冬天，渔民们常常可以在苏兰湾捕杀海豹。那时候，海豹常常会从冰窟窿里爬到冰面上来。

有时候，甚至还有这样的事：有些海豹为了追捕鱼儿，一直会追进涅瓦河。在拉多加湖里，生活着很多海豹，那儿简直成了一个海豹渔猎场。

解除武装

森林中的大力士麋鹿和小个子雄獐都把犄角给甩掉了。

麋鹿是自愿扔掉头上那沉重的武器的——它们在灌木林里把犄角朝树干上蹭呀蹭呀，就把它们的犄角给蹭了下来。

这时候，有两只狼看见这么一头没有防身武器的大力士，决定向它发起进攻。在它们看来，战胜麋鹿简直是轻而易举的事。

一只狼从前面进攻麋鹿，另一只狼则从后面发动攻击。

这一场战斗很快便收场了。麋鹿用两只结实的前蹄击碎了一只狼的脑袋，然后突然一个转身，把另一只狼也踢翻在地。这只狼被踢得遍体鳞伤，好不容易才从敌人的身旁逃走。

最近几天，年老的麋鹿和雄獐已经长出了新的犄角。只是眼下，它们还是一个没有长硬的肉瘤，外面绷着一层皮，皮上是软绵绵的绒毛。

爱洗冷水浴的鸟儿

在波罗的海铁路加特契纳站附近，我们的森林记者看见一只黑肚皮的小鸟站在一条小河的冰窟窿旁。

那天早晨，天气冷极了。虽然天上的太阳明晃晃的，可是我们的森林记者还是不得不三番五次捧起雪来，摩擦着他那冻得发紫的鼻子。

所以，当他听到那只小鸟站在冰上唱着欢快的歌时，他感到非常惊讶。

他慢慢走近。那只小鸟扑通一声扎进了冰窟窿里，一下子不见了。

"它投河啦，这下可要淹死了！"我们的森林记者心想。他急急忙忙跑到了冰窟窿旁，要去拯救那只发疯的小鸟。

谁知那只小鸟正在水下用翅膀划着水呢！就像游泳的人用胳膊划水一样。小鸟的黑脊背在清澈透明的水中闪闪发光，就像一条银鱼似的。

小鸟一个猛子扎到了河底，用它那尖利的爪子抓着河沙，沿着河底跑了起来。跑到一个地方，它稍微停顿了一下，用嘴把一块小石子翻了过来，从石子下拖出了一只黑色的水虫子。

一分钟过后，它从另外一个冰窟窿里钻了出来，跳到了冰面上。它抖了抖身子，旁若无人地又唱起了快乐的歌儿。

我们的森林记者把手探进冰窟窿里试了试，心想：这里也许是什么地下温泉吧。可他的手马上又缩回来了：河水冰冷冰冷的，手冻得刺骨的疼。

他这才明白，那只鸟儿是一种河鸟，也叫水猛子。就像交嘴雀一样，水猛子不怕冬天。它的羽毛浸着一层薄薄的油状物质。它钻进水下后，空气便在它那油性的羽毛上形成一层小气泡，银光闪闪的。这鸟儿就像穿着一件充满空气的大衣似的。所以说，就是在最冰冷的水中，它也不会觉得寒冷。

水猛子很少光顾这些海滨地区，只有在冬天里，它们才会到来。

大　雕*

■森林通讯员　阿克谢

前天，我在森林中看到了一只大雕。它长有一个像钩子一样的嘴巴，猫一样的面孔和一对黄晶晶的大眼睛。它的嘴里叼着一只死了的小松鼠。我把身子藏在了一棵老橡树的后面。

大雕撕下了松鼠的尾巴，把它甩掉了，然后开始啄掉松鼠的眼睛。我捡起一块石子，朝大雕扔了过去，可它并不理睬，而是继续啄食。它一会儿啄食松鼠的耳朵，一会儿又啄食它的眼睛。我捡起松鼠的尾巴，跑回了家。

城市新闻

有惊无险的巷战

在城里，人们已经感受到春天开始日益临近了。在这里，人们常常会看见一场场热闹非凡的巷战。麻雀儿丝毫也没有理会过往的行人。它们凶狠地啄着对方，它们所到之处，只见一片片羽毛在空中四处飞舞。

雌鸟儿从来不参与打架斗殴，但雄鸟之间的战斗，它们也不会去阻止。

每天夜晚，猫儿都在屋顶上打架。有时候，两只公猫打得是你死我活。一只公猫被另一只公猫打得从楼顶上一个跟头翻了下来。还好，猫儿腿脚利索，自然也不会摔死的。它跌下来时正好四脚着地，顶多在这之后再一瘸一拐地跛上几天就没事了。

修理与新建

在城里面，鸟儿到处在忙着维修它们的"房子"。

老乌鸦、老寒鸦、老麻雀和老鸽子都在忙着维修自己的旧窝，而那些去年夏天才出世的年轻一代又在忙活着搭建新房。

那些粗细不等的树枝呀、稻草呀、马鬃呀、绒毛呀、羽毛呀，还有其它建筑材料据说眼下需求量很大。

我们的鸟儿回来了

好消息，好消息！《森林报》编辑部收到了来自国外的好消息。我们的记者传来了消息：我们的候鸟已经离开了埃及，离开了地中海沿海，离开了伊朗，离开了印度，离开了法国，离开了英国，离开了德国，正在踏上返乡的旅途。

它们不慌不忙地飞着，沿着从冬天魔掌里逃脱的大地和河流一路飞行。它们还得自己算计一下：等到它们返回家乡，这里正是冰雪融化，春暖花开的时节。

第一首歌

在一个天气寒冷阳光灿烂的日子，城里的公园里响起了第一首"春之声圆舞曲"。

那是山雀在鸣唱。它只是唱道："晴——儿——回儿！晴——儿——回儿！"

它们翻来覆去地唱着这支曲子。虽说很简单，可它的曲调却是非常的欢快，就好像这只胸前长着金色羽毛的时髦的小鸟儿在告诉人们："脱掉大衣！脱掉大衣！春天来到了！"

狩猎新闻

妙　招

并不是所有的猎人都用猎枪和猎犬去打猎。有的猎人就发明了各种各样的陷阱。

你瞧，饥饿把一只只狼变得多么的胆大妄为！它们直奔村庄，村子里的人和狗，它们全然不顾！你又根本不可能把它们全都杀光了。

于是，农民们便想出各种花招把这些恶狼赶走。

狼　陷

　　村民们在狼出没的地方挖了一个长方形的深坑，坑壁必须又陡又直。这坑必须挖得恰到好处：它要能够容纳一只狼，但又不能太大；要是太大了，陷进去的狼跑上几步就可以从里面跳了出来。在坑的上面要铺上一些细枝条，再在细枝条上覆盖一些苔藓、稻草和嫩枝，最后，再在上面撒上一层雪。陷阱做好之后，将一切人为的痕迹全都抹掉。这样，你就一点看不出那里竟然还会设有一个陷阱。

　　到了夜晚，狼群来了。走在前头的那只狼正好落入了为它们设置的陷阱。第二天早晨，它就被活捉了。

地上的机关

　　冬天里，大地被冻得像石头一样坚硬，挖个深坑有时候很不容易。于是乎，人们便想到在地上设置一些机关。

　　具体的做法是：在一块地的四角各立一根柱子，用木桩打造一道栅栏，把这块地围起来。在这块地的中间再立一根柱子。这根柱子要比栅栏高出少许。最后，在中间的柱子上挂一块肉作为诱饵。

　　接下来，在栅栏上搭一块长木板。木板的一头着地，另一头悬空着，并靠近柱子上的诱饵。

　　只要闻到肉的味道，狼就会顺着木板往上爬去。在狼的重压下，木板慢慢地翘了起来，刚要爬到诱饵处，狼便一下子掉进了这个地上设置的"坑"里。

狼　圈

有时候，猎人还得设置"狼圈"来捕捉恶狼。首先，将木桩打进地下，一根接一根，连成一圈。然后，在这一圈木桩外再打下一圈木桩。里圈和外圈之间留有一条狭窄的夹道，让一只狼在里面可以穿行。

接下来，在外圈安上一扇只能向里开的木门。在里圈内放有一头小猪崽、一只山羊或者一只绵羊。

狼闻到猎物的气味，就会一只接一只地走进圈门，并围着两圈木桩间的狭窄夹道急得团团转。在转了一整圈之后，领头的狼便用头顶门。门被它一顶，关得就更严实了。而夹道又太窄了，简直转不开身来。门被撞得咚咚直响，所有的狼自然就成了瓮中之鳖。

就这样，它们就围绕着那看得见吃不着的猎物没完没了地转来转去，直等到猎人过来收拾它们。里面的绵羊没有伤到一根毫毛，而狼呢，没有捞到一块羊肉，倒是把自己的命儿给葬送了。

最新消息

第一批秃鼻乌鸦来到了城里。冬季已经结束了。这是森林里的新年。现在，请把《森林报》再从头读起。

■上图：在忍饥挨饿的那些岁月里，怯懦的山雀也变得胆大起来。

■下图：交嘴鸟是一种冬天既不怕冷，又不怕饿的鸟儿。

■学校里的森林角。

打靶场

第十二轮森林知识问答比赛

1、什么动物倒挂金钩睡一冬？

2、你能根据鼻子来说出地鼠和老鼠的区别吗？

3、松鼠冬天不吃什么？

4、什么鸟儿一年到头都在孵化小鸟，哪怕是在冰雪覆盖的冬季？

5、冬天，当所有的昆虫都冬眠的时候，山雀对人类有害还是有益？

6、哪一种鸣禽钻到冰下的水里去捕食？

7、给八哥做鸟窠的时候，为什么要在鸟窠内的入口处钉一个小小的三角架子？

8、哪一种生物的骨骼露在外面？

9、鸟儿在蛋壳里呼吸吗？

10、如果把青蛙从雪底下挖出来，拿到火旁烤一烤，它会怎么样？

11、麻雀的体温什么时候比较低，冬天还是春天？

12、海豹钻到冰下的水里，它靠什么呼吸？

13、森林里和城市里，哪一个地方的雪先开始融化？说说为什么？

打靶场

答案

请检查你的答案是否射中了目标

第一轮森林知识问答比赛

1. 3月21日。

2. 脏雪。因为它是深色的。深色能够吸收更多的阳光。（所以，夏天里，穿深色的衣服会更热。）

3. 毛皮动物春天会脱毛，失去很多温暖而松软的绒毛。这使得它们的皮毛的价值大打折扣。而且，动物在春天里要孕育幼仔。

4. 蝙蝠比飞虫出现晚一些，因为蝙蝠就是靠这些昆虫生存。

5. 雪鹑。冬天里，它是白色的，而夏天里，它的身上布满斑斑点点的杂色。

6. 当它的皮毛变成灰色时，地上的雪依然没有融化；而当积雪融化时，它的皮毛仍然还是白色的。

7. 它们能够看见。

8. 森林中生长的是那种较高而且底枝已经脱落的树，那种枝叶茂盛的矮树适宜于生长在开阔地带。生长密林中的树木生长迅速，这样，它们才能接受到阳光，并让下面的枝条尽快脱落。

9. 靠昆虫为食的鸟儿长有一个容易破碎的长嘴巴，而以谷物和浆果为生的鸟儿长着短促而坚硬的嘴巴（这样，它可以击碎果核，取食里面的果仁）。捕食动物的猛禽都有一个钩形的嘴巴（这样，它可以撕碎所捕食的动物和鸟的肉）。

10. 这种树的皮在冬天里会被动物啃掉，而野兔则站在环绕这棵树并盖住树干下半截的积雪上。

11. 3月21日和9月21日（即春分和秋分）。

第二轮森林知识问答比赛

1. 农夫在犁田时翻出了许多幼虫、甲壳虫的幼体，还有许多秃鼻乌鸦爱吃的昆虫。

2. 喜鹊的巢穴是圆形的，巢穴的上面有一个顶。乌鸦的巢穴是扁平的，上面没有顶。

3. 在树洞里、花园里和树丛里。

4. 它们拔出巢穴里的毛，还啄食动物皮毛中的虫子。

5. 因为驯养的鸭子和鹅的祖先就是野生的鸟儿。春天里，当野鸭和野鹅迁徙时，我们的鸭子和鹅感到非常悲伤。它们也很想飞走啊！

6. 在陆地上筑巢的鸟儿。水灾会毁了它们的卵和巢穴。

7. 爬行动物，因为它们的血是冷的。在冬季里，它们要冬眠。另一方面，鸟儿只要吃得饱饱的，天气再冷，它们都不会害怕。

8. 青蛙的舌前部固定在它的嘴里。

9. 狭长的翅膀属于生活在野外的鸟（如鸥鸟），另一种属于森林中的鸟（如喜鹊）。生活在森林中的鸟，翅膀长得又短、又宽而又圆。否则，它们常常会被森林中的树木和灌木挡住，不便于飞行。

第三轮森林知识问答比赛

1. 将它那锯齿状的后腿与它的翅膀或翅膀盖进行摩擦。

2. 用它的尾巴。

3. 八只。

4. 两对翅膀。上面的一对较为坚硬，主要用来保护下面的那对翅膀，甲虫用下面的翅膀飞行。

5. 秧鸡和黑水鸡。

6. 星椋鸟会将它们带离巢穴，丢到一个很远的地方。

7. 蚂蚱。它的耳朵在它的前腿上。

8. 金黄鹂。

9. 青蛙的卵大量漂浮在水面上，而蟾蜍的卵则沿着一条胶冻似的带子沉积下来，其末端与水相连。

10. 它比八哥大一点，又比鸽子小一点（大约为十二英寸）。

11. 雄雪鹑。

12. 在春季里。

第四轮森林知识问答比赛

1. 6月21日。这是一年中最长的一天。

2. 棘鱼。

3. 巢鼠。

4. 海鸥和涉禽等生活在沙滩上的鸟。

5. 它们呈沙的颜色。

6. 后腿。

7. 城里的燕子巢的入口在侧面。

8. 鸟儿会放弃这个巢穴。

9. 翠鸟。

10. 因为这些鸟会用它们筑巢的那些树上的苔藓掩饰它们的巢穴。

11. 绝非所有的鸟儿。例如，很多花鸡、鸣鸟和金翅雀一年要孵化两次。而麻雀、白颊鸟和一些其它鸟儿一年要孵化三次。

12. 水蜘蛛。

第五轮森林知识问答比赛

1. 在它们还没有出壳时。它们利用这种破卵齿（一种长在鸟嘴巴上的隆起物）击破蛋壳。当它们从卵中孵化出来后，这种破卵齿就脱落了。

2. 长有尾巴的母牛。长有尾巴的母牛用它的尾巴驱赶叮咬它的昆虫，一边挥动它的尾巴，一边还在继续吃草。

3. 夏天里。那时候，森林有许多需要帮助的幼年和没有长大的动物。

4. 许多昆虫，例如蝴蝶。它要经过三个阶段：卵、毛毛虫和蝴蝶从里面出来的茧。

5. 因为狗不像马儿，它没有任何汗腺，不会出汗。它伸出舌头，就是为了降低体温。

6. 杜鹃。杜鹃将蛋下在其它鸟的窝里，让它们孵化它的雏鸟。

7. 啄木鸟。

8. 老秃鼻乌鸦的嘴是灰白色的，所以又叫白嘴鸦。幼秃鼻乌鸦的嘴是黑色的，就像乌鸦的嘴一样。

9. 棘鱼。

10. 它死了。

11. 它们妈妈的乳汁。

12. 面朝太阳，也就是面朝南方。

第六轮森林知识问答比赛

1. 它的重量就是它排出的水的重量。

2. 蜘蛛一边埋伏着，一只脚紧紧地抓住一根绷紧的蜘蛛丝，丝的另一头粘在蜘蛛网上。苍蝇什么的一落在网上，网就震动起来，于是那根细丝也就扯动蜘蛛的脚，让它知道有猎物落网了。

3. 蝙蝠和鼯鼠。鼯鼠能够借助于腿间的蹼飞行几十码。

4. 它们成群结队地聚集在一起，袭击猫头鹰，并大声尖叫，直到成功地将猫头鹰赶走为止。

5. 在晴朗的秋天里，风儿将蜘蛛丝卷起，同时也将上面的蜘蛛带到了空中。

6. 蜉蝣。

7. 雨燕和家燕在飞行中捕捉昆虫。在晴朗的天气里，昆虫飞得很高，但是，天气潮湿的时候，含有水分的沉闷空气迫使它们贴着地面飞行，雨燕和家燕低空飞行就是为了捕捉这些昆虫。

8. 它们用靠近尾巴的腺体里分泌出来的油将自己全身涂抹了一下，以便使自己在雨中保持干燥。

9. 蚂蚁在下雨之前匆匆跑进了蚂蚁山，并封住了所有的入口。

10. 各种长有翅膀的昆虫：如苍蝇和石蛾等等。

11. 狗熊。

12. 在河沿、湖泊和池塘的软泥和淤泥中。

第七轮森林知识问答比赛

1. 9月21日。

2. 野兔。

3. 白杨树、欧洲花楸树和枫树。

4. 野兔、牝鹿、梅花鹿和麋鹿。

5. 生活在地上的鸟的爪子是用来走路的。它的脚趾是摊开的。走路时，它将一只脚放在另一只脚的后面。所以，它留下的脚印只是一条直线。生活在树上的鸟的爪子是用来握紧树枝的。它的脚趾靠在一起。这种鸟不走路，但可以在地上用双脚跳跃，所以留下了两行脚印。

6. 这意味着在它们盘旋的地上有腐烂的尸体或受伤的动物。

7. 因为雌鸡下一年会在同一个地方孵出另一窝鸡。杀了雌鸡就等于少了一群鸡。

8. 蝙蝠的前爪骨骼。

9. 大多数蝴蝶在初霜时就死了。有些爬进了树皮、栅栏和墙壁的缝隙中，在那里过冬。

10. 他应该面朝西，这样，他可以看见在明亮的天空下飞翔的野鸭。

第八轮森林知识问答比赛

1. 上山。兔子有两条长长的后腿和较短的前腿。它完全是滚着下山。

2. 它暴露了夏天里被树叶掩藏的巢穴。

3. 松鼠。

4. 麝香鼠（水鼠）。

5. 鸟儿很少这么做。猫头鹰储存它们捕杀的老鼠，松鸦储存松子和坚果。

6. 它们封住蚂蚁山的所有入口和出口，并在蚂蚁山深处成片聚集在一起。

7. 空气。

8. 褐黄色或棕色，以便与周围森林的颜色一致。

9. 秋天里，当鸟儿变肥时，厚厚的脂肪和密实的羽毛可以使它们经受住猎人的枪弹。

10. 蝴蝶的脑袋（通过放大镜观察）。

11. 不是。昆虫有六条腿，而蜘蛛有八条腿。

12. 在泥渣、淤泥中，在苔藓下面；有时候，它们爬进地窖里。

13. 每一种鸟儿的腿都适用于鸟儿的生活条件。生活在地面的鸟儿，它的腿适合于走路：脚趾直而且是摊开的，腿较长。生活在树上的鸟儿，它的腿适合蹲在树枝上：脚趾紧而弯曲，腿较短。生活在水中的鸟儿，它的腿适合于游泳，具有桨的功能：脚趾上有蹼。

14. 鼹鼠。它的腿适合于挖掘。

15. 猫头鹰的"耳朵"只是一簇羽毛。真正的耳朵就在这簇羽毛下面。

第九轮森林知识问答比赛

1. 在河岸和湖滨的洞里。

2. 饥饿。如果它们有足够的食物，也就是说，如果水面上没有完全结冰的话，野鸭、天鹅和海鸥有时候整个冬天都不会离去。

3. 晚冬。

4. 啄木鸟会把松果放进树或树桩的裂缝中，然后啄开松果。在这样的树下或树桩下，你往往会看到有一堆空的松果壳。

5. 睡在树上、花园里和丛林中。在那里，它们会群居在一起过夜。

6. 它们与山雀、旋木鸟和五子鸟为伴。

7. 不。在阳光下，它们的瞳孔非常小，而在夜晚，它们的瞳孔却很大。

8. 貂。

9. 食肉类动物一般都有长长的、突出的犬牙，用来撕咬它们所吃的动物的肉。食草类动物的的犬牙并不向外突出。它们的前牙非常坚固，适合于切碎和咀嚼青草。

第十轮森林知识问答比赛

1. 从12月22日起。这是一年中白昼最短的一天。

2. 猫的脚印没有爪印，因为猫在走路时把爪子缩起来。

3. 水獭和水貂，因为这两种动物吃鱼。

4. 不生长。它们的生活机能暂时停止。

5. 因为刚下过雪之后，雪地上的脚印都是新的，随便你顺着哪一行脚印走去，都可以找到猎物。

6. 松鸡、山鹑和榛鸡。

7. 在田野里穿白衣裳，为的是跟雪的颜色一样；在森林里穿灰色衣裳，因为在冬天也有绿叶的森林里，白色或其他颜色都比灰色显眼。

8. 因为兔子跳跃的时候，它的后腿总是在前腿前面。

9. 不。它们不做窠，也不孵小鸟。

10. 松鸡。

11. 鸟鹬。因为它把嘴深深地插到泥土里去找食物。

12. 地鼠。因为它会散发出冲鼻子的麝香气味。肉食动物的嗅觉灵敏，受不了这种气味。

13. 熊的脚印。

14. 老鹰扑杀兔子的时候，一只脚抓住兔子的脊背，一只脚拼命想抓住树木的枝条。吓得魂飞魄散的兔子拼命地往前跑，那时，它的力气大得出奇，而老鹰的一只脚爪却死死地抓着枝条不放。有时候，在这种情况下，老鹰的身体竟会被撕作两半。老鹰的尸体腐烂了，可爪子的遗骨还留在兔子的后背上。

15. 枪弹打穿了它的身子，因此脚印的两旁有两滩血迹。

第十一轮森林知识问答比赛

1. 肥的狗熊。冬眠中的狗熊就是靠那层肥厚的脂肪来提供营养和保温。

2. 冬天树木会暂时停止生活机能，不再吸收水分。所以，冬天砍的柴火比较干燥。

3. 砍下的树木，只要数一数它的木质纤维有多少圈（即年轮，一年增长一圈年轮），就可以知道它的年龄。

4. 因为猫科动物总是事先埋伏在一旁，然后出其不意去捕捉猎物。所以，它们必须保持干净，不让自己身上发出任何气味，否则会暴露自己。

5. 因为冬天在人的住宅附近，它们比较容易找到食物。

6. 什么东西也不吃。整个冬天里，它都处于冬眠状态。

7. 冬天，蝙蝠睡在树洞、岩洞、仓房的屋檐下。

8. 不。只有雪兔冬天会变白，有些兔子一年到头都是灰色的。

9. 猛禽。

10. 交嘴鸟以针叶林的种子为食。它的全身被松脂所浸透，而松脂可以对肉体起到有效的防腐作用。

第十二轮森林知识问答比赛

1. 蝙蝠。

2. 地鼠有一个像大象一样的长鼻子。

3. 不吃肉。

4. 交嘴鸟。因为交嘴鸟喂雏鸟吃的是松树和云杉的种子。

5. 有益的。冬天里，山雀寻找那些躲在树皮裂缝和小洞里的昆虫和它们的卵和蛹来吃。

6. 水猛子。

7. 这样，猫就无法用爪子掏到鸟窠里面。

8. 许多昆虫、虾蟹和其他节肢动物。它们的骨骼是一种质地很坚硬的东西，叫做甲壳质。

9. 是的，它通过蛋壳上的气孔来呼吸。如果在蛋壳上涂上一层油漆，那么空气就透不进去，雏鸡就会被闷死。

10. 由于温度的骤然变化，青蛙会死去。

11. 都一样。

12. 海豹在水里不呼吸。它在冰面上弄穿几个窟窿给自己透气。

13. 城里的雪融化得早一点，因为城里的积雪脏一些。

世·界·经·典·文·学·名·著·博·览

读书笔记

世·界·经·典·文·学·名·著·博·览

读书笔记